本著作由教育部人文社会科学基金青年项目：
城镇环境污染物的层次健康风险评价与动态管理系统研究（17YJCZH081）资助出版

U0250096

城镇土壤重金属的层次健康风险评价与管理体系探索

—— 李飞 著 ——

WUHAN UNIVERSITY PRESS
武汉大学出版社

图书在版编目（CIP）数据

城镇土壤重金属的层次健康风险评价与管理体系探索/李飞著.
—武汉：武汉大学出版社，2020.11（2022.4 重印）
ISBN 978-7-307-21683-9

Ⅰ.城…　Ⅱ.李…　Ⅲ.城市—土壤污染—重金属污染—风险评价—研究　Ⅳ.X53

中国版本图书馆 CIP 数据核字（2020）第 138425 号

责任编辑:黄金涛　　责任校对:李孟潇　　版式设计:马　佳

出版发行：**武汉大学出版社**　　（430072　武昌　珞珈山）
（电子邮箱：cbs22@ whu.edu.cn　网址：www.wdp.com.cn）
印刷:武汉邮科印务有限公司
开本:720×1000　　1/16　　印张:17.75　　字数:247 千字　　插页:3
版次:2020 年 11 月第 1 版　　2022 年 4 月第 2 次印刷
ISBN 978-7-307-21683-9　　定价:50.00 元

前　言

　　《国家环境保护"十二五"环境与健康工作规划》和《国家环境与健康行动计划(2007—2015)》均指出"伴随着我国工业化、城镇化的快速发展，环境污染影响人民群众健康与安全的问题凸显，保护环境、保障健康成为人民群众最紧迫的需要"。在"十三五"期间，我国坚持绿色发展理念，党的十八届五中全会更首次将生态文明写进了五年规划。土壤是城镇生态环境系统的重要组成部分，而赋存于土壤中的重金属通过多介质环境间的迁移转化后可经由直接或间接暴露途径给城镇居民健康造成危害或带来风险。2014年我国环保部和国土资源部发布的《全国土壤污染状况调查公报》显示：全国土壤总的点位超标率为16.1%，重金属污染是土壤污染的特征之一。伴随着我国快速的城镇化，近年来与城镇土壤重金属相关的公众危害事件不时发生，对城镇居民的人身和财产安全构成了威胁，因此建立健全科学的、可操作性强的城镇土壤重金属的健康风险评价与管理体系成为保障居民健康与安全的关键，也是我国生态文明建设的内在要求。同时，在市场经济的驱动下我国区域土壤环境调查、风险评价和污染修复产业将超千亿元的市场规模无疑是本研究发展的巨大推力。

　　目前，国内外已发展出了较为成熟的污染场地风险评价与管理框架，但鉴于土壤科学的研究进展和各国不同城镇在土地利用现状、受体空间分布、受体暴露特征、风险评价与管理的预算投入程度等方面存在的特征差异，在国内外文献和实践中暂时没有形成一套科学而高效的城镇土壤环境健康风险评价与量化管理的模板框架，城镇环境下土壤重金属污染的健康风险评价、污染风险来源解析和风险量化管理等关键技术亟须改进、整合或开发。

在上述研究背景下，本书作者经过近十年的科研探索，结合相关工程项目的实践经验，在同行专家的不断指导与启发下，撰写了本书，旨在针对该领域研究中的现存不足，通过对关键知识的整合、关键技术的建立健全等，架构一套科学、高效的城镇土壤重金属的层次评价与管理体系，为读者提供参考或指导。

全书共分为 7 章。

第 1 章　城镇土壤重金属污染与管理基础：主要内容包括城镇土壤重金属污染与管理引论，综述城镇土壤重金属的健康风险评价与管理领域的研究演进，阐明了著作的研究目的和思路；

第 2 章　城镇土壤环境中重金属的污染格局研究：基于 3S 技术和多元统计分析技术探索城镇不同土地利用方式下的土壤重金属污染格局，以长沙市先导区为实例，研究内容包括区域的概况，区域土壤的布点、实地采样和检测分析，城镇土壤重金属总量的空间统计分析，城镇土壤重金属的化学形态组成的空间统计分析和城镇土壤中重金属与土壤理化性质之间的相关关系研究等；

第 3 章　城镇土壤环境重金属污染的初步风险识别：基于城镇土壤重金属污染评价研究的现状与不足，在地累积指数评价模型的基础上，构建土壤重金属生物毒性双权重系数，同时引入数学运算效率较高且对实际应用中常见的贫数据或低精度数据具有良好适用性的随机模糊方法，构建基于生物毒性双权重的土壤重金属污染的随机模糊评价模型，并进行了实证研究；

第 4 章　3S 技术下的城镇土壤中重金属的层次健康风险评价研究：针对经典区域健康风险评价理论及其实践中的不足，借助 3S 技术和土壤重金属的污染格局，尝试将关于区域土地利用方式、重金属的生物可利用性程度和区域可能受体密度分布的量化考量嵌入经典评价体系中，建立城镇土壤重金属的层次健康风险评价方法，并进行了实证研究；

　　第5章　城镇土壤重金属污染的来源综合解析技术：基于大量各环境介质中重金属的来源解析经验，鉴于同位素示踪技术的成本较高暂时难以推广，提出将常用的多元统计分析方法与3S技术下的土地利用现状空间分析、历史资料搜集综合和特征污染源实地验证相结合，探索形成一套兼顾高效性和准确性的城镇土壤重金属污染的来源综合解析技术，并进行了实证研究；

　　第6章　城镇土壤重金属污染的风险量化管理决策体系：基于所有章节的研究基础，提出集城镇土壤环境污染监测、城镇土壤潜在风险重金属识别、城镇土壤优先重金属的层次健康风险评价、城镇土壤重金属污染健康风险定量管控等功能和城镇土壤环境综合信息数据库为一体的城镇土壤重金属污染的风险量化管理决策体系，并进行了实证研究；

　　第7章　结论与展望：对本书进行总结和展望。

　　作者特别感谢一直以来提供重要指导的湖南大学曾光明教授和黄瑾辉教授；感谢提供资料、研究成果的国内外学者和启发作者编写此书的各位专家；特别感谢中南财经政法大学信息与安全工程学院同事们的大力协助；在成书过程中，感谢湖南大学袁兴中教授、梁婕教授、李晓东教授、陈桂秋教授、龚继来教授、陈耀宁老师、李源博士、李雪博士、黄大伟博士、王晓钰博士、肖志华博士、刘文楚硕士等老师和同学的无私支持。感谢教育部人文社会科学基金青年项目：城镇环境污染物的层次健康风险评价与动态管理系统研究（17YJCZH081）的资助。

　　衷心感谢我的家人默默承担写书之外的大量工作，付出了辛勤的汗水。

　　由于著者水平和时间所限，书中难免存在疏漏或不足，敬请读者批评指正。

李　飞

2018年秋于中南财经政法大学文永楼

目　　录

第1章 城镇土壤重金属污染 与管理基础

1.1 城镇土壤重金属污染与管理引论

联合国经济和社会事务部人口司发布的《世界城市化展望》2014年修订版(World Urbanization Prospects 2014 Revision)显示:从1950年到2014年,全球城市人口从7.46亿增加至39亿,占全世界总人口的54%;尽管亚洲的城市化率较低,但由于人口基数大,亚洲仍然是世界上城市人口最多的地区,占全球城市人口总数的53%。城镇是人类活动高度集中的场所,人口相对密集、分布不均衡,利用和消耗着大量的自然资源,同时产生大量的污染物,当污染物超过城镇环境自身负荷时,则会使城镇环境受到污染和破坏。[1-3]随着我国快速的城镇化和工业化,相对短期而剧烈的人类活动将大量有机污染物(如多环芳烃、酚类等)和无机污染物(如重金属、含砷化合物等)带入到城镇环境中,造成这些污染物在城镇环境中积累,并可能通过土壤、水体、大气等多介质环境间的迁移转化直接或间接地对城镇人群健康和城镇生态安全造成危害或风险。[4-6]城镇土壤是城镇生态环境的重要组成部分,其与城镇水体、大气、地下水等环境要素均密切相关,处于城镇生态环境的中心位置,其既是各种污染物的汇聚地,也是各种污染物的源,故常被作为城镇综合环境质量的重要指示因子。[7-9]重金属是一类具有富集性,并很难在环境中降解的有毒污染物,[10]城镇土壤重金属污染由于重金属来源广、形式多、迁移复杂等特性而导致其较难管控。城镇工业活动产生的三废物、交通尾气、污水灌溉、不当的肥料及农药施用已经成为城镇土壤重金属的主要来源,[4,7,11]城镇中不同的土地利用方式及人类活动扰动时间和程度差异是影响城镇土壤重金属污染的重要因素。[7,12]近年来,伴随着国内外与城镇土壤重金属污染相关的环境公众危害事件的不时发生[13,14]和部分国家城镇化进程的加速,[15]关于城镇土壤重金属的污染特征与机理、评价与管理的相关研究与实践已成为各国必须面对的重大课题,其研究成果对城镇经济社会的可持续发展、区域环境公平的维护和城镇生态文明的建设等将具有重要意义。

《国家环境保护"十二五"环境与健康工作规划》和《国家环境与健康行动计划(2007—2015)》均指出"伴随着我国工业化、城镇化的快速发展,环境污染影响人民群众健康与安全的问题凸显,保护环境、保障健康成为人民群众最紧迫的需要"。城镇土壤中的重金属可能经由误食土壤、皮肤接触和呼吸吸入等直接或间接暴露途径给城镇居民健康造成短期危害或带来长期风险。[16]预计到2050年,全球城市人口将再增加25亿,全球城市人口比例将达66%,其中近九成新增城市人口集中在亚洲和非洲(《世界城市化展望》)。未来城市人口增加最多的国家将是印度、中国和尼日利亚,从2014年到2050年,这三个国家将分别增加4.04亿、2.92亿和2.12亿城市人口,占全球新增城市人口的37%。在我国现城镇化率已达53.73%(中国国家统计局,2014年)和全国土壤总的超标率为16.1%[17]的背景下,将城镇土壤重金属与城镇人群健康相关联的研究符合国家和人民的现实需要。基于我国2005—2013年的土壤普查数据得到的全国土壤中重金属(包括镉、汞、铅、铬、砷、铜、锌和镍)通过经口摄入、皮肤接触和呼吸吸入三种暴露途径的非致癌总危害系数空间分布表明:中国大陆地区29个省、自治区和直辖市中的45%存在对儿童受体的中等潜在非致癌风险,但暂时均未超过可接受非致癌风险水平限值。[18]同时,研究和实践已表明我国现行的《土壤环境质量标准(GB15618—1995)》为主的土壤环境管控体系已不能适应我国当下复杂的环境变化和"绿色"的社会经济发展要求,[19]据报道国家《土壤污染防治法》的立法工作已进入前期准备阶段,并且继"大气十条"后,国务院正在编制《土壤环境保护和污染治理行动计划》。这都说明因我国城镇土壤重金属污染而引发的城镇人群健康风险已不容忽视。

因此,作为在过去20年间被美国环保署、国际化学品安全规划署等大力推动和发展的健康风险评价与管理技术被寄予厚望,国内外已发展出了较为成熟的污染场地健康风险评价与管理框架体系,但鉴于污染场地土壤与城镇土壤的自身特性及土地面积、功能等方面存在较大差异,城镇土壤重金属污染机理更为复杂并涉及更多方面的影响因素,故目前国内外仍暂时没有形成一套科学而高效的城镇土壤环境健康风险评价与管理的框架体系。世界银行发布的《中国污染场地的修复与再开发的现状分析》也指出"在目前中国污染场地(土壤)面积大数量多,而修复资金有限的现实情况下,中国应结合本国污染土地的实际情况建立高效、分优先级的污染土地风险等级系统"。鉴于土壤科学研究的最新进展和各国不同城镇在土地利用现状、受体空间分布、受体暴露特征、风险评价与管理经济投入程度等上存在的显著特征差异,城镇环境下的土壤重金属健康风险评价、土壤风险来源解析和风险量化管理等关键技术均有待改进、整合或开发。

综上,以保护城镇居民受体健康为核心目标,如何科学合理地对城镇土壤环境中重金属污染进行健康风险评价与管理,从而辅助包括区域土壤修复决策、区域土壤标准值与行动值的制定及相关政策法规的建立健全,具有较强的科研、现实和战略意义。以科学的健康风险评价和我国的国情为出发点,如何架构起具有中国特色的、易推广使用的城镇土壤环境污染物的健康风险评价方法和相应的风险管理体系成为亟需探索的基础研究课题。最后,2015年是被联合国粮食与农业组织(FAO)认定为国际土壤年,在市场经济的驱动下,土壤污染修复产业受到广泛关注。据公开资料显示,全国受污染耕地1.5亿亩,占18亿亩耕地的

8.3%，大部分为重金属污染。随着土壤污染形势的加剧，土壤污染治理逐渐引起管理层的重视，相关治理政策不断释放，土壤修复行业也迎来政策红利。同时，已发布的《2014—2015 年中国粮食安全发展报告》预测：我国粮食总产将有望达到 6.2 亿吨左右，在没有重大政策出台的前提下，国内粮食仍将连年丰收。但当前每年受重金属污染的粮食超过 1200 万吨，污染治理已经引起管理层的重视，有望出台粮食重金属污染防治相关政策。我国土壤污染日趋严重，防治土壤污染已迫在眉睫。近日，被称为"土十条"的《土壤环境保护和污染治理行动计划》已由环保部提交至国务院审核，预计 2016 年中或 2017 年初将会出台。预计未来率先启动的是具有较高商业价值的"城市污染场地修复"和维系政府民生工程的部分"耕地修复"（http：//www. hbzhan. com/news/detail/101212. html）。我国城镇土壤污染物健康风险评价和修复的产业市场规模将超过 10000 亿元，这无疑是推动相关课题研究发展的巨大推力，这使得本研究也具有了极强的社会经济前景。

1.2　城镇土壤环境重金属污染

1.2.1　土壤及土壤污染

土壤是孕育万物的摇篮，是人类文明的基石。ISO（2005）从土壤的组成和产生考虑，认为土壤是"由矿物颗粒、有机质、水分、空气和活的有机体以发生层的形式组成，是经风化和物理、化学以及生物过程共同作用形成的地壳表层"。运用当代土壤圈物质循环的观点，人们对土壤的认识和理解得到进一步地深化和拓展，现今考虑到土壤抽象的历史地位、具体的物质描述以及代表性的功能表征，可将土壤作如下定义，即"土壤是历史自然体，是位于地球陆地表面和潜水域底部具有生命力、生产力的疏松而不均匀的聚集层，是地球系统的组成部分和调控环境质量的中心要素"。[12]土壤环境作为一个极为复杂的复合体系，包含固相、液相和气相，同时其组分变化巨大。另一方面，土壤环境系统与生长于土壤中的植物系统之间相互作用组成了土壤植物生态系统。[12,20]

环境领域的土壤污染主要指由于人为因素有意或无意地将对人类本身和其他生命体有害的物质或制剂施加到土壤中，使其增加了新的组分或某种成分的含量明显高于原有含量，并引起现存的或潜在的土壤环境恶化和相应危害的现象。

根据土壤学的内容，土壤污染具有三大特点：[12,20-21]

(1)隐蔽性或潜伏性。

水体和大气的污染比较直观，严重时通过人群的感官即能发现，而土壤污染则往往要通过农作物包括粮食、蔬菜、水果或牧草以及其对应人群或动物的健康状况才能反映出来，从遭受污染到产生后果有一个逐步累积的过程，具有隐蔽性或潜伏性。例如，作为世界十大公害事件的日本痛痛病事件，即是由于居民常年食用被含镉废水污染了的土壤所生产的"镉米"所致(重病区大米含镉量平均为 0.527 mg/kg)，此时，致害的那个铅锌矿已经开采结束了，期间历经二十余年。我国也有例如张士灌区等土壤污染区的相关人和家畜受到明显污染危害的案例。

(2)不可逆性和长期性。

土壤一旦遭受到污染后极难恢复，重金属元素对土壤的污染是一个不可逆的过程。例如，我国东北张士灌区的镉污染造成了大面积的土壤毒化、水稻矮化、稻米异味且含镉量超过卫生标准，经过很多年的艰苦努力，包括施用改良剂、深翻、清灌、客土和选择品种等各种措施，才逐步恢复其部分生产力，付出了大量的代价。

(3)后果的严重性。

一旦土壤受到污染，生物多样性、生物循环和水循环(包括水质和水循环过程)等也就必然受到相应的影响。另一方面，由于土壤污染的隐蔽性以及不可逆性(或长期性)，因此往往通过食物链危害动物和人类的健康。例如有研究表明，土壤和粮食重金属污染与一些地区居民肝肿大有着显著的剂量效应关系，污灌引起的污染越严重，人群的肝肿大概率就越高。

土壤的污染源可分为自然源和人为源。自然源是指自然界自行向环境排放有害物质或造成有害影响的场所，此种状况一般称为自然灾害，如正在活动的火山等。人为源是指人类活动所形成的污染源，是科学研究的主要对象，而在这些污染源中，化学品对土壤的污染是人们最为关注的，按照物质或制剂进入土壤的途径所划分的途径可划分土壤污染源为污水灌溉、固体废物的利用、农药和化肥的施用、大气沉降物等，具体情况如下：

（1）污水灌溉。

生活污水和工业废水中，含有氮、磷、钾等许多植物所需要的养分，所以合理地使用污水灌溉农田，一般有增产效果。但是，污水中还含有重金属、酚、氰化物等许多有毒有害的物质，如果污水没有经过必要的处理而直接用于农业灌溉，则会将污水中有毒有害的物质带至农田，污染土壤。例如冶炼、电镀、燃料、汞化物等工业废水能引起镉、汞、铬、铜等重金属污染；石油化工、肥料、农药等工业废水会引起酚、三氯乙醛、农药等有机物的污染。

（2）固体废物的利用。

工业废物和城市垃圾是土壤的固体污染物。例如，各种农用塑料薄膜作为大棚、地膜覆盖物被广泛使用，如果管理、回收不善，大量残膜碎片散落田间，会造成农田"白色污染"。这样的固体污染物既不易蒸发、挥发，也不易被土壤微生物分解，是一种长期滞留土壤的污染物。

（3）化肥和农药的施用。

施用化肥是农业增产的重要措施，但不合理的化肥使用，也会造成土壤污染。长期大量使用氮肥，会破坏土壤结构，造成土壤板结、生物学性质恶化，影响农作物的产量和质量。过量地使用硝态氮肥，会使饲料作物含有过多的硝酸盐，妨碍牲畜体内氧的输送，使其患病，严重的导致死亡。农药能防治病、虫、草害，如果使用得当，可保证作物的增产，但它也是一类危害性很大的土壤污染物，施用不当，会引起土壤污染。喷施于作物体上的农药(粉剂、水剂、乳液等),除部分被植物吸收或逸出进入大气外,约有一半左右散落于农田,这一部分农药与直接施用于田间的农药(如拌种消毒剂、地下害虫熏蒸剂和杀虫剂等)构成农田土壤中农药的基本来源。农作物从土壤中吸收农药,在根、茎、叶、果实和种子中积累,通过食物、饲料危害人体、牲畜的健康。此外,农药在杀虫、防病的同时,也使有益于农业的微生物、昆虫、鸟类受到伤害,破坏了生态系统,使农作物遭受间接损失。

(4)大气沉降物。

大气中的有害气体主要是工业中排出的有毒废气,它的污染面大,会对土壤造成严重污染。工业废气的污染大致分为两类:气体污染,如二氧化硫、氟化物、臭氧、氮氧化物、碳氢化合物等;气溶胶污染,如粉尘、烟尘等固体粒子及烟雾,雾气等液体粒子,它们通过沉降或降水进入土壤,造成污染。例如,有色金属冶炼厂排出的废气中含有铬、铅、铜、镉等重金属,对附近的土壤造成污染;生产磷肥、氟化物的工厂会对附近的土壤造成粉尘污染和氟污染。

土壤污染的类型目前并无严格的划分,如从物质的属性来考虑,一般可分为有机物、无机物、土壤微生物和放射性物质的污染。

(1)有机物污染。

有机物污染可分为天然有机污染物与人工合成有机污染物,这里主要是指后者,它包括有机废弃物(工农业生产及生活废弃物中生物易降解与生物难降解有机毒物)、农药(包括杀虫剂、杀菌剂与除莠剂)等污染。有机污染物进入土壤后,可危及农作物的生长与土壤生物的生存,如稻田因施用含二苯醚的污泥曾造成稻苗大面积死亡,泥鳅、鳝鱼绝迹。人体接触污染土壤后,手脚出现红色皮疹,并有恶心、头晕现象。农药在农业生产上的应用尽管收到了良好的效果,但其残留物却污染了土壤及其对应的食物链。近年来,塑料地膜地面覆盖栽培技术发展很快,由于管理不善,部分膜被弃于田间,它已成为一种新的有机污染物。

(2)无机物污染。

无机污染物有的是随地壳变迁、火山爆发、岩石风化等天然过程进入土壤，有的随着人类的生产与消费活动而进入的。采矿、冶炼、机械制造、建筑材料、化工等生产部门，每天都排放大量的无机污染物，包括有害的重金属及其化合物、酸、碱与盐类等。生活垃圾中的煤渣，也是土壤无机物污染的重要组成部分。

（3）土壤生物污染。

土壤生物污染是指一个或几个有害生物种群，从外界侵入土壤，大量繁殖，破坏原来的动态平衡，对人类健康与土壤生态系统造成不良影响。造成土壤生物污染的主要物质来源是未经处理的粪便、垃圾、城市生活污水、饲养场与屠宰场的污物等。其中，危害最大的是传染病医院未经消毒处理的污水与污物。土壤生物不仅可能危害人体健康，而且有些长期在土壤中存活的植物病原体还能严重地危害植物，造成农业减产。

（4）放射性物质污染。

放射性物质污染是指人类活动排放出的放射性污染物，使土壤的放射性水平高于天然本底值。放射性污染物是指各种放射性核素，它的放射性与其化学状态无关。放射性核素可通过多种途径污染土壤。放射性废水排放到地面上，放射性固体废物埋藏处置在地下，核企业发生放射性排放事故等，都会造成局部地区土壤的严重污染。大气中的放射性物质沉降，施用含有铀、镭等放射性核素的磷肥与用放射性污染的河水灌溉农田也均会造成土壤放射性污染，这种污染虽然一般程度较轻，但其污染的范围较大。土壤被放射性物质污染后，通过放射性衰变，能产生 α、β、γ 射线，这些射线能穿透人体组织，损害细胞或造成外照射损伤，或通过呼吸系统或食物链进入人体，造成内照射损伤。

1.2.2 城镇土壤

城镇土壤是基于当下中国特色的城镇化发展道路而对城市土壤概念进行的外延拓展。城市土壤并不是土壤分类学上的术语，最早使用城市土壤一词的 Bockheim 认为城市土壤是指由于人为的、非农业作用形成的，并且由于土地的混合、填埋或污染而形成的厚度大于或等于 50 cm 的城区或郊区土壤。[22] De Kimp 等在 Bockheim 的基础上将城市土壤概括为受人类活动影响产生强烈扰动的城市市区和郊区的土壤。[23] 我国学者对城市土壤的主流解释为：城市土壤是经由人类活动的长期扰动或直接"组装"，并在城市特殊的环境背景下发育起来的土壤，它与自然土壤和农业土壤相比，既继承了自然土壤的某些特性，又有其独特的成土环境与成土过程，表现出特殊的理化性质、养分循环过程以及土壤生物学特征。[24] 城市土壤广泛分布在居民区、城市河道、道路、公园、城郊、体育场、垃圾填埋场、废弃工厂等处，或者简单地成为建筑、街道等城市和工业设施的"基础"而处于埋藏状态。[25]

由上述介绍可知，城市土壤（Urban soils）是一个在国外城市化（Urbanization）过程中形成的概念。但由于国内外的现实国情差异造成国内外在对"Urban"一词的解译上也存在差异，即国外"城市化"的概念主要用描述乡村向城市转变的过程。其实，"Urban"同时包含有城市（City）和镇（Town），但由于世界上许多国家中镇的人口规模很小，有的国家甚至没有镇的建制，故"城市化"往往仅指人口向"City"转移和集中的过程。而中国设有镇的建制，并且其人口规模与国外的小城市相当，我国人口不仅向"City"集聚，而且向"Town"转移，这就是"具有中国特色的城市化"。[26] 国内多数学者认为中国的城市化与国外的城市化或者一般而言的城市化的内涵不同，必须注重发展小城镇，为了显示这种与外国的差别，有学者[27]把中国的"Urbanization"译为"城镇化"。中国特色的城市化称之为城镇化，现已被官方采纳，国家的相关文献（如中共第十五届四中全会通过的《关于制定国民经济和社会发展第十个五年计划的建议》）等中都采用"城镇化"一词。综上，认为有必要基于我国国情拓展"城市土壤"初始概念的外延，从而开阔国内外不同特征"城市化"土壤研究的尺度和视野，不仅仅大中城市的城区和城郊土壤属于城镇土壤，小城镇以及一些发展较早的建制镇的镇区土壤也应归属于城镇土壤的范畴，即城镇中较强人为扰动下的相关土壤都应纳入考虑。鉴于城镇内所有土地利用方式下的土壤中重金属都可能与附近的受体人群接触而对其产生健康风险，本研究中定义的城镇土壤包含有城市土壤、林用土壤、农用土壤和潜在污染场地土壤等。当然需要指出本研究中城镇土壤的概念拓展前提为现研究城镇土壤中重金属污染情况未知（即层次健康风险评价与管理体系初次运行），如已有近期的城镇土壤污染调查研究资料则可根据区域土壤污染的类别和程度制定分区域的调查、评价与管理方案。

1.2.3　城镇土壤重金属污染现况和危害

　　国外对土壤重金属污染的报道最早可以追溯到 19 世纪发生在日本的足尾铜山公害事件，当时日本出现了"水俣病"和"骨痛病"，经过调查研究是由于汞和镉污染所引起之后，重金属通过食物链造成的环境污染才开始备受关注。早在 20 世纪 70 年代，英国就对伦敦等大城市土壤和灰尘中等重金属含量开展研究，发现土壤重金属污染与工业活动、汽车尾气的排放密切有关，城市表土和道路灰尘的重金属可作为城市大气污染的指示。20 世纪 90 年代城市土壤研究逐渐成为国际土壤学研究的新领域，学者们对英国主要城市、美国主要大城市、意大利 Naples 和 Sicily、西班牙 Seville，德国慕尼黑、越南河内、泰国曼谷等城市土壤重金属污染进行了研究，如意大利 Sicily 市以 Pb、Zn 和 Hg 污染为主，Pb 的富集系数达 5—10，Hg 为 35。这些研究测定了城市土壤重金属含量及其与土壤性质的相关性，也探讨了城市规模、人口密度、交通流量、土地利用方式和历史等因素与城市土壤重金属污染的关系。为此，国际土壤联合会于 1998 年成立了"城市、工业、交通和矿区土壤工作组"（Soils in Urban and Industrial, Traffic and Mining Areas, SUITMA），截止到目前已经召开了三次国际学术会议，其中城市土壤的重金属污染是主要议题。

　　改革开放以来，我国社会经济迅猛发展，据世界银行统计从 1980 年至 2010 年我国 GDP 的平均年增长率为惊人的 10.02%，并且在 2010

年我国的 GDP 已超过日本位居世界第 2 位。同时，我国城镇人口比重也由 1981 年的 20%迅速发展到 2014 年的 53.73%，伴随着近三十多年的粗放式工业化发展与跨越式的城镇化发展，大量未经处理的重金属"涌"入城镇生态环境，并呈快速蔓延的趋势。[28]城镇土壤重金属的来源可集中分类为自然来源和人为来源，自然来源的重金属主要指因为在地球上的水循环和生物地球化学循环的作用下，广泛分布于各个圈层介质中重金属，由于母岩、生物、气候等综合因素的不同，导致了不同类型土壤中重金属的含量有所差异；人为来源则主要包括大气降尘、城市交通、污水灌溉、工业固体废物的不当处置、工业生产、农药和化肥的不当施用等带入环境的重金属。[12,28]根据 2014 年环保部和国土资源部发布的《全国土壤污染状况调查公报》，调查结果显示，全国土壤环境状况总体不容乐观，部分地区土壤污染较重，耕地土壤环境质量堪忧，工矿业废弃地土壤环境问题突出。全国土壤总的点位超标率为 16.1%，其中轻微、轻度、中度和重度污染点位所占比例分别为 11.2%、2.3%、1.5%和 1.1%。从污染类型看，以无机型为主，有机型次之，复合型污染比重较小，无机污染物超标点位数占全部超标点位的 82.8%。我国的城镇土壤重金属污染问题较为突出，据不完全估计，我国受镉、砷、铬、铅等重金属污染的耕地面积近 1.5 亿亩，约占耕地总面积的十分之一，全国每年因重金属污染的粮食高达 1200 万吨，造成的直接经济损失超过 200 亿元。2009 年发生的湖南浏阳镉污染事件不仅污染了厂区周边的农田和林地，还造成 2 人死亡，500 余人尿镉超标；在湖南郴州，一家铅冶炼厂附近的村庄至少有 250 名儿童被查出血铅超标；在湖南浏阳郊区，由一家化工厂排污引发的镉污染事件，造就了一大批奇形怪状的"变脸"果蔬，完全不能食用；在土壤重金属污染日趋严重的长三角地区，已经发现"镉米"、"铅米"、"汞米"等。《全国土壤污染状况调查公报》指出我国南方土壤污染重于北方，长江三角洲、珠江三角洲、东北老工业基地等部分区域土壤污染问题较为突出，[17]但公报中缺乏对城镇区土壤重金属污染现状的调查研究，我国许多城镇城区域内土壤也存在重金属污染的问题，城郊农地污染更为严重，相关研究如廖启林等对江苏省土壤重金属分布特征及其污染源的研究表明苏南土壤 Cd、Hg 等含量总体偏高，苏北土壤则相对富集了更多的 As，苏州市、无锡市土壤环境中的重金属污染程度相对严重，其原因主要是工业化和城市化进程中的人为活动；[29]郭伟等评价研究了呼和浩特市不同功能区的土壤重金属污染特征，结果表明区域重金属 Cu 和 Zn 的平均含量分别达到背景值的 2.33 倍和 1.85 倍，商业区和城镇道路附近的土壤重金属污染较为严重，污染主要来源于交通源污染和生活废弃物的堆放；[30]马瑾等指出珠江三角洲农地遭受重金属污染的情况十分严重，以东莞市为例，其土壤重金属污染较为显著，与广东省土壤元素环境背景值比较，Hg 已达到了中度污染的水平，Cr 处于警戒范围，Cd、Pb、Ni、Cu、Zn 和 As 处于轻度污染状况，且东莞市 31.3% 的蔬菜样品也受到不同程度的重金属污染；[31]王淖和张莎娜等的研究表明湘江流域长期受镉、铅等重金属污染的困扰，株洲、湘潭城市群部分土地重金属污染已成为当地的突出环境问题[32-33]等。城镇的人口较为密集，其土壤重金属易于直接或间接地经各暴露途径进入人体，这些摄入的重金属可与蛋白质及各种酶发生强烈的相互作用，使它们失去活性，也可能在人体的某些器官中富集，一旦积累含量超过人体所能耐受的剂量限度，会造成人体急性中毒、亚急性中毒、慢性中毒等，对人体会造成很大的危害或风险。[34]其中，例如镉，其不是人体的必需元素，人体内的镉是出生后从外界环境中吸取的，镉属于易蓄积性元素，引起慢性中毒的潜伏期可达 10—30 年之久，镉中毒除引起肾功能障碍外，长期摄入还可引发“骨痛病”，如日本神通川流域水体、土壤和作物由于人为源镉污染引发了举世皆知的公害事件。此外，贫血是一般慢性镉中毒的常见病症，其还可以造成高血压、肺气肿等疾病，并发现其能致癌、致突变和致畸；铅中毒除了引起神经病变外，还能引发血液、造血、消化、心血管和泌尿系统病变，侵入人体内的铅也能随着血流入脑组织，损伤小脑和大脑皮质细胞，且儿童比成人对铅更敏感，过量的铅会显著影响儿童的智力发育；

铬、锌和铜虽是人体的必需元素，过多摄入时则会引发疾病，其中铬污染可通过呼吸道、粘膜、消化道、皮肤等主要进入人体的方式，聚积在肾脏、肝脏和内分泌腺中，导致消化系统紊乱、呼吸道疾病，六价铬的毒性远大于三价铬，六价铬是致癌物；锌污染进入人体会造成腹痛、呕吐、演示和倦怠，并引发贫血、高血压、冠心病和动脉粥样硬化等；过量的铜会引起人体溶血、肝胆损伤等。[35]

1.3 城镇土壤环境重金属的污染评价

我国现行的土壤环境管控体系是以《土壤环境质量标准（GB 15618—1995）》为核心的包括土壤采样技术方法、土壤污染物检测分析技术方法、土壤环境污染评价方法、土壤修复技术方法等内容的一套体系。其中，常用的土壤环境重金属的污染评价主要指基于指数模型的土壤环境质量评价法，这些方法主要基于《土壤环境质量标准（GB15618—1995）》和区域土壤环境背景值，能对土壤环境受污染的程度做出快速的评价判断，方法简单易行，能在一定程度上反映土壤被重金属污染的程度，其主要方法包括单因素指数法、内梅罗指数法、地累积指数法和潜在生态危害指数等。[35-37]

（1）单因子指数法。

单因子指数表示在土壤环境中污染物的实测浓度超过相应评价标准限值的程度，即土壤环境质量指数。它是个无量纲量，数值越大，表示测评项的环境质量越差，污染越严重。其计算公式如下：

$$P_i = C_i / S_i \qquad (1.1)$$

式中，P_i 表示环境因子 i 的单因子污染指数；C_i 为环境因子 i 的实测浓度，mg/kg；S_i 为环境因子 i 的标准值，mg/kg，一般取《土壤环境质量标准（GB15618—1995）》中 i 对应的二级标准限值。

（2）内梅罗指数法。

内梅罗指数法是建立在单因素指数法基础上的一种兼顾极值的计权

型多因子环境质量指数。其计算公式如下：

$$P_{综} = \sqrt{\frac{IP_{av}^2 + IP_{max}^2}{2}}$$ （1.2）

式中，IP_{max} 为各单因子指数中最大值；IP_{av} 表示各单因子指数的平均值。根据计算所得的内梅罗指数值，可依据表 1.1 所示分级标准确定对应的污染程度。

表 1.1　　　　　　　　　　重金属污染指数分级标准

级别	单因子污染指数	污染等级	内梅罗指数	污染等级
1	$P_i < 1$	清洁	$P_{综} \leqslant 0.7$	清洁
2	$1 \leqslant P_i < 2$	轻度	$0.7 < P_{综} \leqslant 1$	警戒级
3	$2 \leqslant P_i < 3$	中度	$1 < P_{综} \leqslant 2$	轻度
4	$P_i \geqslant 3$	重度	$2 < P_{综} \leqslant 3$	中度
5			$P_{综} > 3$	重度

（3）地累积指数法。

地积累指数法是由德国科学家 Muller 于 1969 年提出的，运用地累积指数法一方面可以半定量地判定人为活动对土壤环境中重金属的影响，另一方面表达了重金属累积的自然分布特征。它不仅考虑了自然成岩作用对背景值造成的影响，而且也考虑了人为活动对重金属造成的影响。[37] 地累积指数法的计算公式如下：

$$I_{geo\,i} = log_2 [C_i / kB_i]$$ （1.3）

式中，C_i 为土壤污染物 i 的实测含量的统计平均值，mg/kg；B_i 为 i 元素地球化学背景值，mg/kg；k 是为了修正造岩运动引起的背景波动而设定的系数，依据地积累指数值可把土壤中重金属污染程度分为 7 个等级见表 1.2。

表 1.2　　　　基于地累积指数的土壤重金属污染程度划分

I_{geo}	级数	污染指标
≤ 0	0	清洁
0—1	1	轻度污染
1—2	2	偏中污染
2—3	3	中度污染
3—4	4	偏重污染
4—5	5	重度污染
≥ 5	6	严重污染

(4)潜在生态危害指数法。

瑞典科学家 Hakanson 于 1980 年提出的潜在生态危害指数法,[38]其是应用较多的土壤重金属污染评价方法之一,主要从重金属的毒理效应角度进行评价,其计算公式如下:

$$E_r^i = T_r^i \times C_f^i = T_r^i \times C^i / C_i \qquad (1.4)$$

式中,C_f^i 为土壤重金属 i 的富集系数;C^i 为土壤重金属元素 i 的实测含量,$mg \cdot kg^{-1}$;C_i 为 i 元素的参考值,mg/kg,研究采用区域土壤中重金属的地球化学背景值;T_r^i 为重金属 i 的毒性响应系数,Cd、Ni、Zn、Cu 和 Cr 的毒响应系数分别为 30、5、1、5 和 2;[38-40] E_r^i 为重金属 i 的潜在生态危害系数。

土壤中多种重金属的综合潜在生态风险程度,Hakanson 则通过潜在生态风险指数 RI 来表征:

$$RI = \sum_{i=1}^{n} E_r^i \qquad (1.5)$$

基于得到的潜在生态危害指数值可判断其对应的污染程度级别,详见表 1.3。

表1.3   基于潜在生态危害指数的土壤重金属污染程度划分

单种重金属潜在生态危害系数范围	单种重金属潜在生态危害程度	Hakanson 潜在生态危害指数（RI）范围	重金属的潜在生态风险程度
<40	1 级，轻微生态污染	<150	1 级，低度生态危害
40—80	2 级，中等生态污染	150—300	2 级，中度生态危害
80—160	3 级，强生态污染	300—600	3 级，重度生态危害
160—320	4 级，很强生态污染	>600	4 级，严重生态危害
>320	5 级，极强生态污染		

　　上述四种方法在国内外的城镇土壤重金属污染评价中被广泛应用，如刘衍君等利用内梅罗指数法和地累积指数法研究了聊城市部分耕地土壤中砷、镉、铬、铜、汞、镍、铅和锌的污染水平；[41]王莹等利用内梅罗指数法、地累积指数法和潜在生态危害指数法对我国城市土壤重金属的污染格局进行了分析；[3]Karim 等借助地累积指数法研究了巴基斯坦卡拉奇市土壤中的重金属污染现状；[42]朱磊利用单因子指数法、内梅罗指数法与地累积指数法分析了青岛地铁北站规划区原工业场地置换土壤重金属的污染风险现状；[43]Nezhada 等借助内梅罗指数法分析评价了伊朗阿瓦士市的炼钢厂附近的城镇土壤污染现状；[44]Islam 等利用潜在生态危害指数法对孟加拉国不同土地利用方式下的城镇土壤重金属进行了研究评价[45]等。在应用实践中上述四种方法都取得了一定的评价效果，但也存在一些明显不足，[46-47]例如基于上述四种方法并无法支撑合理的量化污染管理决策等。

1.4   城镇土壤环境重金属的健康风险评价与管理

　　我国现行的土壤环境管控体系可以在一定程度上管控土壤重金属污

染，但其显然缺乏对土壤重金属-城镇人体健康间关系的考量，也没有配套完整的法律和法规，所以其量化管控效力较低。而在过去 20 年间，在经济合作与发展组织（OECD）、世界卫生组织（WHO），特别是美国环保署（US EPA）、国际化学品安全规划署（IPCS）、欧洲化学品生态毒理学和毒理学中心（ECETOC）的推动下健康风险评价与管理领域得到了快速的发展。[16]欧盟、美国、加拿大和日本等纷纷颁布有关的法令与法规，健康风险评价已成为国家级别甚至世界级别处理化学品污染风险管理问题的重要依据和科学参考，[48-49]这为我国的城镇土壤化学品的健康风险评价和管理体系的建立提供了重要的理论参考和实践经验。下面将就城镇土壤环境重金属的健康风险评价和风险管理研究的演进做简要综述：

健康风险是指受体人群暴露到环境物质而导致伤害、疾病或死亡的可能性。1983 年美国国家科学院（NAS）出版的红皮书 the "Red Book"（联邦政府中的风险评估：管理其过程）（Risk assessment in the federal government：Managing the process）首次对健康风险评估所下的定义为：人类暴露到环境危害之潜在不良健康效应的特性描述。健康风险评估包括几个要素：基于流行病学、临床、毒理学及环境科学研究之结果的评估，来描述潜在不良健康效应；从这些结果外推（Extrapolation）来预测及估计在某种暴露状况下人体健康效应的种类及程度；判断暴露在不同强度及时间的人群数目及特性；以及归纳总结出公共卫生问题的存在与整体程度。由此定义，风险评估具有下列四个步骤：[16,50-51]危害辨识（Hazard identification）、剂量反应评估（Dose-response assessment）、暴露评价（Exposure assessment）和风险表征（Risk characterization），后续还有基于风险评价结果的风险管理。健康风险评价及管理的基本范畴与内容如图 1.1 所示。

（1）危害辨识，其旨在识别风险源的性质及强度，是风险评价的第一步。美国国家科学院将之定义为"决定某一物质是否会增加某种健康危害状态（如癌症、先天缺陷等）之发生率的过程。危害的种类可以是

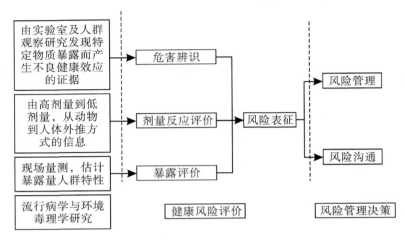

图 1.1 环境健康风险评价及管理的范畴与内容

物理性、化学性或生物性，并且当受体人群累积足够的暴露剂量时，会造成伤害、疾病或死亡"，科学家评估该有害物在人体及实验室动物健康效应相关的研究，由相关文献了解该物质的特性，鉴定所可能造成的健康问题，并清楚说明其统计上或生物上显著的毒性作用。[16,52]人体直接暴露于危害物质的研究可提供最佳的证据，但由于一般很少有人体临床试验数据，因此动物实验、试管内之体外试验，以及化学结构活性关系常被用来估计化学品人体暴露所可能给健康造成的危害。

（2）剂量反应评价，其是对有害因子暴露剂量水平与暴露人群健康危害效应发生率间的关系进行定量估算的过程，是量化健康风险评价的基石。[16,52]剂量反应评价一般属于毒理学研究范畴，其有一个重要信条，即"剂量决定毒性"（Dose makes the poison），例如临床用药剂量的高低可以决定该药物是治疗性的药物，或是可能致命的毒药，并大体分为两类：一类指暴露于危害污染物的剂量与个体呈现某种生物反应强度之间的关系；另一类指危害污染物的剂量与群体中出现某种反应的个体占群体的比例，如死亡率、肿瘤发病率等。每一种化学物质，依据其毒性重点的不同, 具有不同的剂量反应关系。

（3）暴露评价, 其指定量或定性估计或计算暴露量、暴露频率、暴露时间和暴露途径的方法。[53]暴露途径主要包括经口摄入, 空气(包括挥发性物质挥发出的蒸汽、大气颗粒物)吸入、皮肤接触吸收等, 但必须指出无论污染物的危害程度高还是低, "没有人群暴露, 就没有健康风险"。[16]暴露评价往往需要当地受体人群的暴露参数(包括身高、体重、呼吸速率、暴露频率等), 和当地环境条件下污染物在各环境介质中物质传输的相关参数, 美国、日本、韩国等国都已建立了国民的暴露参数数据库, 但由于我国地广人多, 并且各地生活习俗差异较大, 故政府相关单位都提出应有系统地逐步建立暴露参数的数据库, 2013 年底国家环保部发布了《中国人群暴露参数手册(成人卷)》, 填补了我国在国家级暴露参数手册上的空白, 但显然更加系统的国家级人群暴露参数数据库现还仍处于数据积累阶段, 这也给我国健康风险评价带来了一定的不确定性。[54]

（4）风险表征, 作为风险评价的最后环节, 其在前述 4 个过程所得资料和分析结果的基础上, 最后量化确定有害结果发生的概率、可接受风险水平及评价结果的不确定性(不确定分析也可独立成一个部分)。[16]风险表征也是连接风险评价和风险管理的桥梁, 风险管理者可使用风险表征的结果来制定控制风险与污染整治的策略, 风险沟通者则可运用风险表征结论告知利益相关大众发生不良健康效应的种类、大小及可能性, 并宣传预防风险的知识。

（5）风险管理。健康风险评价需要多科学团队的协作, 同样, 风险管理也是一个多学科的进程。风险管理是一个决策过程, 在健康风险评价的基础上, 需要进一步权衡政治、社会、经济和技术信息等相关信息, 来发展、分析和比较管理办法, 并且最终为健康风险选择合适的管理方法, 这通常意味着用"可接受"的成本使风险降低到"可接受"的水平。[16]

1.5 研究进展和现存问题

前面的章节中对于本研究的研究背景、目的、意义和所涉及领域的基础知识等做了简要综述，本节将综述研究领域下的国内外研究现状，并分析和提出研究中现存的问题。基于图 1.1 所示，以健康风险评价的四个步骤危害辨识、剂量反应评价、暴露评价和风险表征、风险管理及系统不确定性控制在内的六个方面进行国内外研究综述：

（1）危害辨识。随着工业技术和社会经济的发展，人类制造并排入环境的物质种类迅速增加，能够分析和检测的有害物质数量也日益丰富。虽然人们对环境污染及其对健康损害的关注程度不断加强，但是由于人力、物力、财力和科技水平等诸多方面的制约，已经越来越不可能对环境中的污染物进行全面的治理。同时，化学品毒理学研究成果的积累充分显示了并非所有的污染物都具有相同的人群健康的危害性。因此，对健康危害效应大的污染物进行针对性研究和治理逐渐成为一种有效的环境管理策略。自 20 世纪中期以来，多个国家、国际组织和地区研究开发了各自的污染物筛选方法，编制了各自的环境优先污染物名录，并应用于环境污染物的管理实践中。[16,55]欧洲共同体、美国、日本、联邦德国、荷兰等国家和组织陆续公布的环境有害物质名录为其环境保护和治理起到了重要的促进作用。我国用短短 30 多年的时间完成了发达国家上百年的发展道路，取得了经济上的辉煌成就，但由于粗放的发展模式等多方面的原因，也致使我国的生态环境遭受了严重的破坏，导致本应在不同阶段出现的环境问题在短期内集中体现和爆发出来。[55]鉴于此，我国于"七五"期间由国家环保总局主持研究并提出了我国的水中优先控制污染物黑名单（68 种），但是随着时间的推移，我国环境问题的特征已发生了深刻的变化，已有的名录显然不能充分反映当前的环境风险状况和研究水平，也未能涵盖水体、土壤和大气的综合环境体系。[55-56]鉴于国家和世界环境问题的新变化，国家环保总局于

2007 年启动了《国家污染物环境健康风险名录》的编制工作，在发达国家的名录制定方法的参考下，基于我国的环境污染特点分别于 2007—2009 年完成了《国家污染物环境健康风险名录》的化学第一分册、24 种农药类的第二分册和另外 36 种农药类的第三分册，这也代表了我国在危害辨识领域的重大进展，为我国政府决策、环境监测、环境应急预案的制定、环境污染事故的应急处理等提供了依据和方法。但经过半个多世纪的发展，名录式管理也逐渐显露出其局限性，早期的名录多是静态式名单，是名录制定之初的环境污染状况、认识水平和管理目标的综合权衡，但是不能反映各因素的长期动态变化，导致不少名录已经不能有效地支撑当前的环境管理工作。其次，早期的名录往往是由单一或少数的地区或国家所编制的，随着对污染物跨界迁移认识的加深，人们已经意识到必须采取流域、区域的联合行动才能有效地应对共同的环境问题。因此，近年危害辨识领域的研究热点主要有:[16,55,57]①开发充分反应污染物的环境迁移、转化特征的新型优先污染物筛选方法；②区域环境中动态的风险名录更新机制的构建；③非职业的低剂量长期暴露的危险性识别等方面。

　　(2)剂量反应评价。通常有两种剂量反应评价方法，分别为无阈效应(主要指致癌效应)和有阈效应(非致癌健康效应)。下面将分别对这两个研究方向做研究综述:[16,52]①无阈效应(主要指致癌效应)，在此研究领域，鉴于人道主义考虑，大多数致癌化学物采用的是低剂量外推模式来评价人群暴露水平上所致的危险概率。当然多种证据被应用于致癌物质的剂量效应评价，其中包括如果有人类的流行病学资料，首先应以此为依据来估算；在缺少适当的人类临床研究情况下，应使用与人类接近的动物种类的资料，并在从长期的动物研究中，应给予最敏感的生物学可接受资料以求最大的重视程度；所关注的暴露途径资料优先于其他暴露途径；低剂量外推模型的选择；剂量的中间外推；②有阈效应(非致癌健康效应)，在此研究领域，参考剂量(Reference Dose, RfD)是重要的基础参数，其意义为"低于此剂量时，期望不会发生有害效应的危险"。当下一般采用以下方法进行有阈剂量效应反应评价：首先通过文献确定关键毒性效应（即当剂量增加时，在此剂量下，最初出现的有害效应）以及效应不发生的最高剂量（通常称为最高未观察到的有害水平或 NOAEL），而后将 NOAEL 除以不确定因子即求得安全限值，不确定因子范围为 10—1000 之间，不确定因子表达的是多种与现有资料有关的内在不确定性。

环境化学品毒性测试的重点是确定人体暴露于毒性化学品的安全水平。目前，该测试已从简单的急性、亚急性测试扩展到充分考虑各种毒性数据，包括急性、亚急性、慢性毒性以及一些特殊的毒性，例如致癌性、诱变性、生殖毒性，以及近来的免疫毒性、神经毒性、皮肤毒性及其他器官测试。除了这些研究以外，对这些化学品的毒性动力学以及其在组织、细胞、亚细胞和受体水平的作用机理研究等相关数据也有望进一步阐明环境化学品的毒性机理并提供人体潜在危害评价的科学参考。近年剂量反应评价领域的研究热点主要有：[58-62] ①化学品混合物相互作用下的剂量反应关系；②生物动力学特性研究及生物动力学模型的建立；③毒性机理与毒性动力学的研究；④细胞、亚细胞水平的毒性机理研究。

（3）暴露评价。人体可以通过多种暴露途径而暴露于多种污染物质，而其可大体分为外暴露与内暴露。[54]外暴露是指某种物质与受体接触的浓度，这里的受体可理解为胃肠道上皮、呼吸时的肺部上皮及皮肤接触时的表皮等；内暴露则是指某种物质已经被吸收的量，即已经透过受体进入系统循环的量。[52]生物利用度定义为外部计量中被吸收的比例。此外，谈到暴露就会引出一个非常重要的概念，即暴露场景，其在 OECD/IPCS 法规中的定义为"关于来源、暴露途径、所涉及的试剂数量或浓度，一级暴露的生物体、系统或（亚）种群（即数量、特征、生长习性）的一系列的条件或假设，从而有助于对特定情况下的暴露评价与量化"。

暴露评价研究主要包括以下几个方面：[54,63-64] ①暴露环境的分析表征，即是对普通的环境物理特点和人群特点进行表征，其需要确定区域气候、植被、地下水文学以及地表水等情况，并确定目标受体人群并描述受体人群对应的有关影响暴露的特征，如污染源的位置、人群的活动特征等；同时，也要考虑到当前的受体人群特征和将来的受体人群特征；②暴露途径的分析，其依据污染源位置、释放情况、可能的化学物质多介质环境迁移转化过程，以及潜在暴露人群的位置和活动情况，分析确定每一条暴露途径的暴露点和暴露方式(如皮肤直接吸收、经口摄入等)；③量化暴露，其应对以上确定的每一条途径上的暴露量的大小、暴露频率和暴露持续时间进行定量，主要分为估算暴露浓度和计算摄入量；④估算暴露浓度：确定在暴露时间内化学污染物的污染浓度，一般利用监测数据或化学品环境归趋模型进行估算暴露浓度；⑤计算摄入量：计算在第二步确定的每一暴露途径上特定的化学物暴露量，暴露量以单位时间单位体重与身体暴露的化学物的质量来表示。近年暴露评价领域的研究热点主要有：[16,65-67]①区域流行病学调查和职业受体暴露参数调查；②大气中化学品迁移的机理及质量模型的研究；③水体/沉积物中化学品的迁移机理与模型的研究；④土壤中化学品的迁移机理与模型的研究；⑤化学品的多介质环境归趋机制及其对应综合暴露模型的研究。

(4) 风险表征。风险表征可分为两类：[16]①定性的风险表征，其是以半定量的名称，如"可忽略的"、"极微的"、"中等的"或"严重的"叙述风险的程度；②定量的风险表征以数字表达量化风险的大小，定量的风险表征可更直观、有效地表述风险的大小，同时也便于对污染因子的风险进行筛选排序，为决策者提供科学的参考。现国内外的风险表征方法基本都构架在 US EPA 的风险评价体系骨架之上，其定量的风险表征可分为致癌风险的表征和非致癌风险的表征，最后环境风险表征的结论将为国家、地方和组织级别的各类环境标准或环境管理策略的制定提供科学依据，而环境标准的制定和实施是环境行政的起点和环境管理的重要依据。

（5）风险管理。风险管理过程是由于化学品特定用途或特殊场景的风险关注而引发的。环境风险评价和风险管理关系密切，但其两者过程有所不同，特点是风险管理决策的性质经常影响风险评价的广度和深度，而风险评价又为风险管理提供科学的依据，最后风险管理基于风险评价和法律、政治、社会、经济和技术现状之间的博弈提出合理管控措施。风险管理包括以下工作内容：风险的分类、风险降低措施的确定和风险管理效益分析、风险降低、监测和审查。近年来，风险管理研究的新发展[16,68-70]主要包括：①侧重于风险降低和责任关注，即建立相应的法律法规，将原来主管当局的责任部分转移给制造风险的业界（制造商和进口商与旗下有的用户）；②风险沟通和利益相关者的参与，风险的沟通是环境风险评价与风险管理的纽带，利益相关者的积极参与将有助于确保评价结果和管理行为更好地被理解和被执行；③环境风险评价与管理体系信息平台的整合架构，如何将人类健康、环境生态安全和社会经济等因素综合分析起来一直是本领域的主要趋势之一；④风险认知，由于个人、公众、企业或雇员等对风险（或利益）的认知是各不相同的，并会随时间而变化，故探索出不同的群体对于自身风险的评价或认知惯性有着重要的意义。

（6）系统不确定性分析。风险评价的争议经常围绕着一些分歧，这些分歧所针对的是评价不完整和不确定数据的方法和评价模型的性质、解释和论证。当科学被用于管理目的时，决策者不仅需要知道现有的科学知识，也要了解这些知识中的不确定性部分和空白部分，并区分不确定性和变异性。针对风险评价来说，不准确、不正确的参数、参数变异性、简化模型理论的不完善或不合理、建立的受体暴露情景不合理等都可能引起不确定性。[16,48] Cullen 和 Frey 在 1999 年将风险评价中的不确定性主要分为参数不确定性、模型不确定性和变异性三类，并被学界广泛接受。[48]由于参数不确定性易于量化研究的特点，故国内外大多研究把不确定性研究的重点放在参数不确定性上，如张应华、梁婕、Babendreier 等分别利用 Monte-Carlo 算法、贝氏 Monte-Carlo 法、类神经网络 Monte-Carlo 法和模糊数学等方法在一定程度上对评价中的参数不确定性进行了有效的量化控制，但上述大多研究建立在暂时忽略评价过程中模型不确定性和变异性的影响。王永杰、Moschanders、Karuchit 等在研究中发现模型不确定性和变异性对评价结果可信度的影响程度远比远比参数不确定性高，并做了相关定性/半定量分析，但由于二者区别于参数不确定性易于分析与量化的特点，研究进展缓慢。

综上，在美国、欧盟、澳大利亚、加拿大和日本等国家的风险评价制度基础上，参考相关大量文献资料，目前在土壤环境污染物健康风险领域研究中的不足和难点主要集中在以下几个方面：①城镇是人群聚集的中心地带，易出现环境公众危害事件，现国内外关于城镇土壤环境与人群健康问题的研究还不够深入；②在风险评价与管理实践中，如何在有限经济预算下，更高效地获取风险评价与管理所需的区域特征资料仍需要进一步探索；③在健康风险评价的实地采样分析时，现今往往以均匀布点监测为主，这需要相对大量的人力和物力投入，鉴于土壤环境状态的显著时空变化性，故需要探索更高效的布点采样方法；④大量研究表明土壤中重金属赋存形态可以更真实地表征土壤重金属的生物可利用性和迁移性，因此如何将重金属形态参数有机地嵌入经典的重金属总量评价模型需要进一步研究并在实践中加以验证；⑤健康风险评价中不同受体人群暴露途径的科学识别是决定风险评价可信度的关键，现有研究中多数以问卷调查或理论分析假设来作为评价依据，但这两种方法分别有着高成本或高不确定性的缺点，故寻找较低成本、较高可信度的暴露途径分析确定方法成为新的研究方向；⑥在现国内外实行的风险评价制度中，多数都仅对评价过程中的参数不确定性控制做了相关规定，但评价过程中的不确定性还包括模型不确定性和变异性，有研究表明模型不确定性或变异性对评价结果的可信度影响较参数不确定性高，但由于其两者区别于参数不确定性的特点，研究进展缓慢；⑦当前研究中多数的污染物来源解析仅仅是对区域污染物含量数据的多元统计分析，但鉴于城镇污染的多元复杂性，单一的污染数据统计分析常常受限于污染数据的量与质，显然不能全面地反映问题，故需要基于生态环境-人群健康-社会经济的综合考虑下，更深入地研究风险来源相关性，这样才能更帮助决策者做出更合理、准确的风险管理决策；⑧当前健康风险评价过程中利益相关者的参与权、话语权存在明显的不平等性，如何将环境公平的理念嵌入环境风险评价体系中，并发展出现实可行的技术方法成为研究的新方向。

　　综上，本书旨在通过对国内外城镇土壤重金属污染评价、健康风险评价和管理理论、系统不确定性控制理论的研究演进及现存不足的综合分析，借助 3S 技术、模糊数学、随机理论、多元统计分析和健康风险模型等技术手段，探索和发展科学、高效地评价和管理城镇土壤重金属健康风险的新模型和新方法，并在良好的不确定性控制下尝试整合这些方法建立起一套可操作性强的城镇土壤环境重金属层次风险评价与量化管理体系，以期为国内外城镇土壤重金属健康风险的优化管控工作提供关键技术支撑和实践经验。

参 考 文 献

[1] 石建荣，陈亢利等. 城市环境安全. 北京：化学工业出版社，2010.

[2] 李其林. 区域生态系统土壤和作物中重金属的特征研究——以重庆为例. 北京：中国环境出版社，2010.

[3] 王莹，陈玉成，李章平. 我国城市土壤重金属的污染格局分析. 环境化学，2012，31(6)：763-770.

[4] Cheng H, Li M, Zhao C, et al. Overview of trace metals in the urban soil of 31 metropolises in China. Journal of Geochemical Exploration, 2014, 139: 31-52.

[5] Li F, Huang J, Zeng G, et al. Spatial distributions and health risk assessment of heavy metals associated with receptor population density in street dust: a case study of Xiandao District, Middle China. Environmental

Science and Pollution Research, 2015, 22(9): 6732-6742.

[6] Li F, Huang J, Zeng G, et al. Spatial risk assessment and sources identification of heavy metals in surface sediments from the Dongting Lake, Middle China. Journal of Geochemical Exploration, 2013, 132, 75-83.

[7] Mihailović A, Budinski-Petković Lj, Popov S, et al. Spatial distribution of metals in urban soil of Novi Sad, Serbia: GIS based approach. Journal of Geochemical Exploration, 2015, 150: 104-114.

[8] Qishlaqi A, Moore F, Forghani G. Characterization of metal pollution in soils under two landuse patterns in the Angouran region, NW Iran: a study based on multivariate data analysis. Journal of Hazardous Materials, 2009, 172(1): 374-384.

[9] Wang X, Chen L, Wang X, et al. Occurrence, sources and health risk assessment of polycyclic aromatic hydrocarbons in urban (Pudong) and suburban soils from Shanghai in China. Chemosphere, 2015, 119: 1224-1232.

[10] Singh R, Gautam N, Mishra A, et al. Heavy metals and living systems: An overview. Indian Journal of Pharmacology, 2011, 43 (3): 246-253.

[11] Xue J, Zhi Y, Yang L, et al. Positive matrix factorization as source apportionment of soil lead and cadmium around a battery plant (Changxing County, China). Environmental Science and Pollution Research, 2014, 21(12): 7698-7707.

[12] 陈怀满. 环境土壤学(第二版). 北京: 科学出版社, 2010.

[13] 袁学军. 大地之殇: "镉米"再敲污染警钟. 生态经济, 2013, 9: 14-15.

[14] 吕玉桦. 我国儿童血铅水平现状及对策研究: [南华大学硕士学位论文]. 衡阳: 南华大学公共卫生学院, 2014, 1-10.

[15]张车伟，蔡翼飞．中国城镇化格局变动与人口合理分布．中国人口科学，2012，6：44-57．

[16]Leeuwen, C. J. V., Vermeire, T. G. Risk assessment of chemicals: An introduction. 2nd ed. Springer Press, Heidelberg, Germany, 2007.

[17]中国环境保护部，国土资源部．全国土壤污染状况调查公报．2014．

[18]Chen H, Teng Y, Lu S, et al. Contamination features and health risk ofsoil heavy metals in China. Science of the Total Environment，2015，512-513：143-153．

[19]张晏，汪劲．我国环境标准制度存在的问题及对策．中国环境科学，2012，32(1)：187-192．

[20]吴启堂．环境土壤学．北京：中国农业出版社，2011．

[21]黄昌勇．土壤学．北京：中国农业出版社，2004．

[22]Bockheim JG. Nature and properties of highly-disturbed urban soils, Philadelphia, Pennsylvania. Paper presented before Division S-5, Soil Genesis, Morphology and Classification, Annual Meeting of the Soil Science Society of America, Chicago, IL. 1974.

[23]De Kimpe CR, Morel JL. Urban soil management: a growing concern. Soil Science, 2000, 28(4): 31-40.

[24]张甘霖，吴运金，龚子同．城市土壤—城市环境保护的生态屏障．自然杂志，2006，28(4)：205-209．

[25]楚纯洁．不同级别城镇土壤重金属污染状况的比较分析——以郑州市、中牟县、韩寺镇为例：[河南大学硕士学位论文]．开封：河南大学环境与规划学院，2006：1-12．

[26]许秋星．论协调推进我国城镇化进程．边疆经济与文化，2013，12：9-12．

[27]辜胜阻．中国城镇化的理论支点和发展观．农村经济与社会，1991，4：1-7．

[28] 邱海源. 厦门市翔安区土壤重金属分布、形态及生态效应研究：[厦门大学大学博士学位论文]. 厦门：厦门大学环境与生态学院，2008：1-8.

[29] 廖启林，华明，金洋，等. 江苏省土壤重金属分布特征与污染源初步研究. 中国地质，2009，36(5)：1163-1171.

[30] 郭伟，孙文惠，赵仁鑫，等. 呼和浩特市不同功能区土壤重金属污染特征及评价. 环境科学，2013，34(4)：1561-1567.

[31] 马瑾. 珠江三角洲典型区域(东莞市)土壤重金属污染探查研究：[南京农业大学硕士学位论文]. 南京：南京农业大学资源与环境科学学院，2003：1-52.

[32] 张莎娜. 长株潭地区农田土壤重金属污染状况及职务修复技术初探. [湖南师范大学硕士学位论文]. 长沙：湖南师范大学资源与环境科学学院，2014：1-25.

[33] 王淖. 长株潭地区土壤重金属污染评价模型及分析：[中南大学硕士学位论文]. 长沙：中南大学地球科学与信息物理学院，2005：14-66.

[34] Wu S, Peng S, Zhang X, et al. Levels and health risk assessments of heavy metals in urban soils in Dongguan, China. Journal of Geochemical Exploration, 2015, 148: 71-78.

[35] 奚旦立，孙裕生，刘秀英，等. 环境监测(第三版). 北京：高等教育出版社，2004.

[36] 何东明，王晓飞，陈丽君，等. 基于地积累指数法和潜在生态风险指数法评价广西某蔗田土壤重金属污染. 农业资源与环境学报，2014，31(2)：126-131.

[37] Muller G. Index of geoaccumlation in sediments of the Rhine river. Geojournal, 1969, 2(3): 108-118.

[38] Hakanson L. An ecology risk index for squatic pollution control: A sedimentological approach. Water Research, 1980, 14(8): 975-1001.

［39］陈静生，王忠，刘玉机．水体金属污染潜在危害：应用沉积学方法评价．环境科技，1989，9（1）：16-25．

［40］徐争启，倪师军，庹先国，等．潜在生态危害指数法评价中重金属毒性系数计算．环境科学与技术，2008，31（2）：112-115．

［41］刘衍君，汤庆新，白振华，等．基于地质累积与内梅罗指数的耕地重金属污染研究．中国农学通报，2009，25（20）：174-178．

［42］Karim Z, Qureshi BA, Mumtaz M. Geochemical baseline determination and pollution assessment of heavy metals in urban soils of Karachi, Pakistan. Ecological Indicators, 2015, 48: 358-364.

［43］朱磊．青岛地铁北站规划区原工业场地置换土壤重金属环境风险评估：［中国海洋大学硕士学位论文］．青岛：中国海洋大学环境科学与工程学院，2013：27-43．

［44］Nezhad MTK, Tabatabaii SM, Gholami A. Geochemical assessment of steel smelter-impacted urban soils, Ahvaz, Iran. Journal of Geochemical Exploration, 2015, 152: 91-109.

［45］Islam S, Ahmed K, Habibullah-Al-Mamun, et al. Potential ecological risk of hazardous elements in different land-use urban soils of Bangladesh. Science of the Total Environment, 2015, 512-513: 94-102.

［46］李飞，黄瑾辉，曾光明，等．基于三角模糊数和重金属化学形态的土壤重金属污染综合评价模型．环境科学学报，2012，32（2）：432-439．

［47］李飞，黄瑾辉，李雪，刘文楚，曾光明．基于随机模糊理论的土壤重金属潜在生态风险评价及溯源分析．环境科学学报，35（4）：1233-1240．

［48］Cullen A C, Frey H C. Probabilistic techniques in exposure assessment ［M］. Plenum Press, New York and London, 1999.

［49］罗大平．环境风险评价法律制度研究：［武汉大学硕士学位论文］．武汉：武汉大学法学院，2005，1-16．

[50]National Research Council. Risk assessment in the federal government：managing the process. Washington DC：National Academy Press，1983.

[51]陈鸿汉，谌宏伟，何江涛，等．污染场地健康风险评价的理论和方法．地学前缘，2006，13(1)：216-223.

[52]周宗灿．毒作用阈值和剂量——反应关系评定．毒理学杂志，2013，27(6)：407-408.

[53]仇付国，高始涛，陈顼．健康风险暴露评价研究进展．安全与环境学报，2012，12(1)：126-129.

[54]段小丽．暴露参数的研究方法及其在环境健康风险评价中的应用．北京：科学出版社，2012.

[55]国家环保部科技标准司．国内外化学污染物环境与风险排序比较研究．北京：科学出版社，2010.

[56]裴淑玮，周俊丽，刘征涛．环境优控污染物筛选研究进展．环境工程技术学报，2013，3(4)：363-368.

[57]Mackay D. Multimedia environmental models：The fugacity approach，2nd edition. UK：Taylor&Francis Group，2001.

[58]董五义，丁志斌，孙树全．基于 ICRP 生物动力学模型的贫铀辐射危险估计算法．环境科学与管理，2008，33(2)：21-24.

[59]Leggett RW. A biokinetic model for zinc for use in radiation protection. Science of the Total Environment，2012，420：1-12.

[60]Wethasinghe C，Yuen STS，Kaluarachchi JJ，et al. Uncertainty in biokinetic parameters on bioremediation：Health risks and economic implications. Environment International，2006，32(2)：312-323.

[61]王永霞．热分析-红外／质谱联用技术分析化学品混合物危险性的方法研究：[北京化工大学硕士学位论文]．北京：北京化工大学化学工程学院，2012：1-20.

[62]蔡云．基于 PBPK 模型的铜、锌联合毒性健康风险评价：[南京大

学硕士学位论文]. 南京: 南京大学环境学院, 2013: 1-60.

[63]段小丽, 张楷, 钱岩, 等. 人体暴露评价的发展和最新动态. 北京: 中国毒理学会管理毒理学专业委员会学术研讨会暨换届大会会议论文集, 2009.

[64]金英良, 张亚非, 闵捷, 等. 个体暴露边界比在铅膳食暴露健康风险评估中的应用. 中国卫生统计, 2014, 31(6): 943-945.

[65]Zhai Y, Liu X, Chen H, et al. Source identification and potential ecological risk assessment of heavy metals in PM2.5 from Changsha. Science of the Total Environment, 2014, 493: 109-115.

[66]Caudeville J, Bonnard R, Boudet C, et al. Development of a spatial stochastic multimedia exposure model to assess population exposure at a regional scale. Science of the Total Environment, 2012, 432: 297-308.

[67]Branco PT, Alvim-Ferraz MC, Martins FG, et al. The microenvironmental modelling approach to assess children's exposure to air pollution—A review. Environmental Research, 2014, 135: 317-332.

[68]王金南, 曹国志, 曹东, 等. 国家环境风险防控与管理体系框架构建. 中国环境科学, 2013, 33(1): 186-191.

[69]张海燕, 葛怡, 李凤英, 等. 环境风险感知的心理测量范式研究述评. 自然灾害学报, 2010, 19(1): 78-82.

[70]荆春燕. 环境风险管理公共服务平台"中国环境风险"的设计与开发: [南京大学硕士学位论文]. 南京: 南京大学环境学院, 2011, 1-10.

第 2 章 城镇土壤环境中重金属的污染格局研究

　　城镇土壤环境重金属的污染格局主要指重金属的空间环境地球化学特征。[1]城镇环境地球化学主要指研究城镇生态系统各环境介质中元素或化合物的组成特征、来源、含量、形态、迁移转化规律及其对人类和其他生命体的生态(环境)效应的科学。本研究以建立科学、高效的城镇土壤重金属风险管理决策体系为目标，首先对城镇土壤环境中典型的 5 种重金属(Cu，Zn，Pb，Cd 和 Cr)的环境地球化学特征进行研究，如此可分析城镇土壤重金属的污染格局与相关影响因素。同时，利用搜集到的相关基础资料和实地采样分析数据可初步构建起一个城镇土壤环境综合信息数据库，其可作为城镇土壤环境重金属高效风险管理的基石。

2.1　城镇概况

2.1.1　地理特征

　　长沙市(北纬 24°39′—30°28′，东经 108°47′—114°45′)位于湖南省东北部，湘江下游和长浏盆地西缘，东邻江西省宜春、萍乡两市，南接株洲、湘潭两市，西连娄底、益阳两市，北抵岳阳、益阳两市。长沙为中国湖南省的省会，国家综合配套改革试验区之一，国家级两化融合试验区之一，国家"十二五"规划确定的重点开发区域，南中国综合性交通枢纽，全市辖区面积 11819.5 平方千米，占全省面积的 5.6%，总人口 714.66 万人，占全省人口的 10.1%，是湖南省政治、经济、文化中心，是中国中西部地区最具竞争力城市、长江中游城市群中心城市之一。[2]

　　长株潭"两型社会"建设是推进绿色发展和生态文明建设的生动实践。根据国务院《关于长株潭城市群资源节约型和环境友好型社会建设综合配套改革试验总体方案的批复》(国函[2008]123 号，以下简称《批复》)，原则同意长株潭城市群综合配套改革总体方案及附件《长株潭城市群区域规划(2008—2020 年)》，《批复》指出，推进长株潭城市群综合配套改革，要根据建设资源节约型和环境友好型社会的要求，加大力度推进重点领域和关键环节的改革试验，在长株潭城市群形成有利于能源资源节约和生态环境保护的体制机制。为了更好地推进长株潭"两型社会"试验区建设，长沙市决定将位于湘江以西的高新区、岳麓区、望城区和宁乡县的一部分区域共 1200 平方千米划定为长株潭"两型社会"综合配套改革试点先导突破区，即大河西先导区(2015 年后部分区域划归成立湘江新区)，[3]先导区地理位置与区域高程情况见图 2.1。[4]本研究选取社会经济快速发展规划阶段(2013—2020 年)的"两型"建设重镇——长沙市先导区为研究实例，以期在探索创新型城镇层次健康风险评价与管理技术方法的同时，也为先导区的"两型"建设和生态文明建设提供科学的技术支撑和决策参考。

2.1.2　自然地理环境

　　地质地貌上，先导区属于从丘陵向平原的过渡地带，平均海拔高出湘江常年水位约 30 米，地表为黏土砂砾层，且岩基结构坚硬，目前该区域主要位于第二、三级台地上；气候上，先导区属亚热带季风气候，四季分明，常年平均气温 16.8℃—17.3℃，年积温为 5457℃，年平均降雨量为 1358 mm—1552 mm。先导区夏冬季长，春秋季短，夏季约 118—127 天，冬季 117—122 天，春季 61—64 天，秋季 59—69 天；春温变化大，夏初雨水多，伏秋高温久，冬季严寒少；全年主导风向为西

图 2.1　长沙市先导区地理位置与区域高程图[4]

北风。[2,4]先导区内山脉纵横，地貌类型复杂多样，岗地、平原、丘陵、低山兼有，自然资源丰富；分布有乌山、岳麓山(含象鼻窝、桃花岭)、莲花山等大型山体；土壤种类较多，可划分 9 个土类、21 个亚类、85 个土属、221 个土种，其中，以红壤、水稻土为主，分别占土壤总面积的 70%与 25%，适合多种农作物生长。[2,3]

2.1.3 人口分布与人口密度

近 10 年来，先导区范围内人口平均增长率为 1.45%，其城镇化水平则由 44.9%提高到 46.7%。至 2011 年底，先导区范围内总人口 106.3 万人，其中非农业人口 49.6 万人，平均人口密度为 885.42 人/平方千米，城市化水平 46.7%，人口空间分布相对不平衡，主要分布在

岳麓区、玉潭镇、高塘岭镇等城镇建设区。[2,5]

2.1.4　社会经济

根据长沙市历年统计年鉴可知，2011 年到 2014 年先导区 GDP 总量分别为 1512 亿元、1739 亿元、1979 亿元和 2154 亿元，平均增速高达 13%。其中，第一产业对 2011—2014 年的 GDP 贡献占比为 8.3%—7.1%；第二产业对 2011—2014 年的 GDP 贡献占比为 65.9%—65.5%；第三产业对 2011—2014 年的 GDP 贡献占比为 25.8%—27.4%。其中，岳麓区(含高新区)的 GDP 占先导区 GDP 总量的约 67.5%，并且有着最高比例的第三产业贡献(约 38.6%)；望城区(五乡镇)的 GDP 略高于宁乡县(五乡镇)的 GDP，望城区(五乡镇)有着最高的第二产业贡献，宁乡县(五乡镇)则有着最高的第一产业贡献。

2.1.5　生态环境

水资源。先导区河网湖泊水系发达，主要有沩水河、八曲河、马桥河、龙王港、靳江河等大小五条河流，临江还有洋湖垸、斑马湖等湿地资源。具体分布见图 2.2。

森林资源。先导区拥有乌山、大岳麓山(包括岳麓山风景名胜区、象鼻窝森林公园、梅溪湖景区)、凤凰山国家森林公园等大型山体，总面积约 468.53 平方千米，其具体分布见图 2.3。

土地利用。据近年调查，先导区土地构成中林地面积为 431.7 平方千米，占土地总面积的 36.08%；耕地面积为 405.3 平方千米，占土地总面积的 33.87%；建设用地面积为 283.6 平方千米，主要沿湘江和沩水两岸分布在城区与各乡镇，占土地总面积的 23.70%；水体面积为 65.2 平方千米，占土地总面积的 5.45%；草地面积为 10.8 平方千米，占土地总面积的 0.90%。[2]

能源。先导区范围内初次能源和二次能源均不足，属于能源匮乏区域，呈现无油无煤无气缺电的鲜明特点，能源的需求基本依靠外调，而生物质能仅在农村沼气开发层面有少量应用,太阳能处于起步阶段。[2]

城镇污染物排放与处理。根据近年长沙市先导区的统计调查数据(来源:http://www.csxdq.gov.cn/ZWGK/TJSJ/default.html),望城县工业废水排放量达标率95.95%,工业烟尘排放量达标率97.52%,城镇污水处理率90.3%,城镇生活垃圾处理率100%。岳麓区空气质量优良率为91.4%,区域污水处理率90%以上。宁乡县工业废水排放达标率92.2%,工业烟尘排放达标率83.2%,工业固体废物综合利用率99%,城镇污水集中处理率60%,城镇生活垃圾无害化处理率100%,空气质量达到二级标准。长沙市先导区水环境、空气和土壤等环境调查和环境质量现状见文献[2]。

图2.2 先导区的水系构成

图 2.3　先导区的森林资源分布

2.2　城镇土壤的布点、采样与样品分析

2.2.1　基于 3S 技术的城镇土地利用现状图绘制

城镇的土地利用方式与其对应的人为扰动强度密切相关,且研究表明人为源往往是城镇重金属的主要来源,[6,7] 近年国内外许多研究证明了城镇的土地利用方式和土壤重金属含量分布有明显的相关性,[8-10] 故本研究拟定了先导区不同土地利用方式下的土壤采样研究方案,并将在后续研究中分析不同土地利用方式下先导区土壤重金属的含量、形态和土壤理化性质之间的重要相互关系。首先,为获得 2014 年的先导区土

地利用现状图,选取 Landsat ETM+传感器数据源(源于 USGS Global Visualization Viewer,http://glovis.usgs.gov/),下载了有关研究区域的 4 幅拍摄于 2014 年 1 月的 Landsat 7 遥感影像(Level 0,30 m 空间分辨率),并对影像分别进行了包括几何校正(image to image)、去云、去阴影、图像融合、辐射定标、大气校正(FLAASH)在内的预处理;而后基于景观生态学分类系统和有关专家的判读经验,建立了遥感影像解译标志,在 ENVI 5.0 平台上进行人机交互解译;此后通过对城镇历史土地利用数据信息和其他环境卫星已公开的相关图像信息的综合分析,以及特征样区野外调查和 Google Map 高精度影像检验了所得解译结果,并在 ArcGIS 平台上对影像进行了修正处理,最后得到 2014 长沙市土地利用现状图,将土地利用方式主要分为了水体、农地、建设用地和林地四类,并且为进一步了解近 25 年来长沙市及其先导区土壤利用方式的变化更替情况,基于同影像来源并重复上述 ENVI 处理步骤制作了 1990 年、2000 年、2010 年的长沙市土地利用现状图,详见图 2.4 所示。

由图 2.4 可知,2000—2014 年长沙市及先导区的城镇化速度显著高于 1900—2000 年的水平,建设用地比例显著上升,根据历年长沙市统计年鉴可知其中以居民点、交通用地和水利等用地类型的比例上升为主,农地比例呈先下降后稳定,林地比例呈下降趋势;长沙市中心城区主要是向东扩展,近年来,随着长株潭一体化以及长沙市大河西先导区的开发进程,城市又出现了向南向西的扩展趋势。城市化过程导致景观破碎化现象明显,中心城区逐渐形成了连通度和蔓延度较大的城市景观为主导的格局体系;且 2000—2014 年中长沙市生态景观的斑块总数呈上升趋势,景观破碎化明显加快,这与蔡青等[78]的研究结果基本一致。

2.2.2 城镇土壤采样布点方案的制定

根据图 2.4 中 2014 年长沙市土地利用现状图裁切出先导区的土地利用现状图,根据研究目的和研究区域面积的大小,利用 ArcGIS 软件

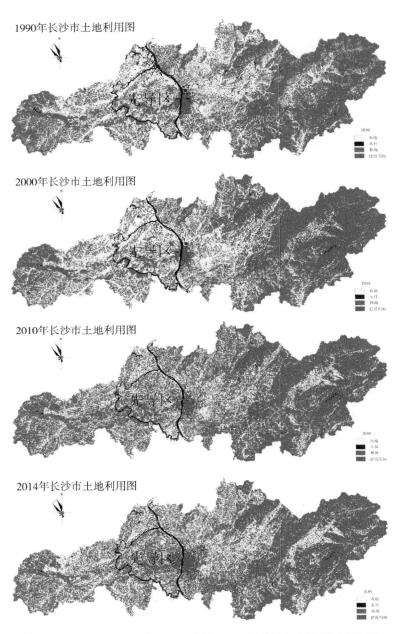

1990年长沙市土地利用图

2000年长沙市土地利用图

2010年长沙市土地利用图

2014年长沙市土地利用图

图 2.4　1990 年、2000 年、2010 年和 2014 年长沙市土地利用现状图

将研究区域划分为 5 km×5 km 的网格，并根据先导区的土地利用方式特点人工添加了人群活动频繁区域的采样点，每个网格布设一个采样点，共设置 25 个农地采样点(代号为 F)、15 个建设用地采样点(代号为 U)和 12 个林地采样点(代号为 W)，并确定各采样点详细的经纬度，而后根据百度地图和 Google 地图平台中的高精度影像及其经纬度定位功能，确定每个采样点在城市中的具体位置和街道，并标记其周边标志性地物以便快速定位。

2.2.3　土壤样品的实地采集

由于各种客观因素的影响导致某些采样点为不可取采样点，因此在实际采样过程中根据拟定采样点的经纬度，结合对各采样点实际情况的调研，在保证采样点均匀分布、布满研究区域和土壤连续存在于本地多年的原则下适当对采样点位置进行微调，同时利用手持 GPS 记录采样点的实际经纬度坐标，从而得到 52 个采样点的实际位置。根据各采样点的实际经纬度坐标，利用 ArcGIS 软件生成采样点位置示意图，如图 2.5 所示。为提高每个采样单元土壤样品的代表性，在采样单元格中间位置周围 100 m² 范围内随机的 3—5 处进行子样采集，每个子样在 5 m×5 m 的范围内用带刻度的土壤采样器(KHT-002，江苏金坛市康华电子仪器制造厂)垂直采集地表 0 cm—20 cm 的表层土壤，采用四分法采集样品原始重量大于 0.5 kg。采样过程中尽量避开外来土和新近扰动过的土层，并去掉表面杂物和土壤中的砾石等。所采样品均编号后保存于聚乙烯塑料袋中存储运输。

2.2.4　室内样品预处理

将从野外采集回来的土壤样品立即放在样品盘上，摊成薄薄的一层，置于干净整洁的室内通风处自然风干 15 天(严禁曝晒，且防止酸、碱等气体及灰尘的污染)。经风干后，压碎的土样全部通过 2 mm 孔径筛，未过筛的土粒必须重新碾压过筛，直至全部样品通过 2 mm 孔径筛为止，而后混合均匀后装入聚乙稀样品袋，并编号待用，袋外标签写明编号、采样地点、土壤名称、采样深度、采样日期、采样人及制样时间、制样人等内容，经过上述处理后的土样用于测定土样的 pH、电导率、机械组成、阳离子交换量。此外，每个样品取约 50 g，用玛瑙研钵进一步研磨，最后过 0.15 mm 孔径筛，混合均匀后装入棕色聚乙烯袋子中保存备用，过 0.15 mm 孔径筛的土壤样品用于土样有机质、重金属含量及化学形态等项目测定。上述样品预处理过程均按照中华人民共和国农业行业标准《土壤检测（TY/T 1121）》中的相关要求严格执行。

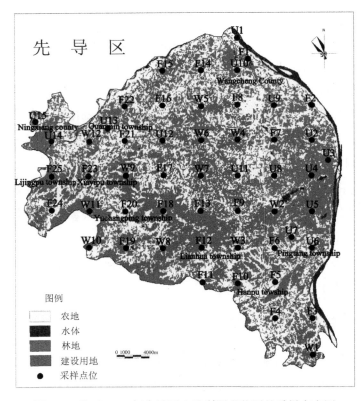

图 2.5　基于 2014 年先导区土地利用现状图的采样布点图

2.2.5 样品的实验分析

本研究所选检测方法经过专家组审核通过，同时均经实验室检出限、准确度和精密度检验合格。分析过程采用国家一级标准物质（GBW07405（GSS-5）和 GBW07416a）、空白试验、重复检验等方法进行全程质量控制，以保证测试数据真实、准确。

2.2.5.1 土壤理化性质的分析

根据现有土壤学理论[12-13]筛选了可能对土壤重金属含量和形态造成影响的主要土壤理化性质因素，包括 pH 值、电导率（Electrical Conductivity，EC）、阳离子交换量（Cation Exchange Capacity，CEC）、土壤有机质（Soil Organic Matter，SOM）和土壤质地（Soil Texture）。根据农业部行业标准《土壤检测（TY/T 1121）》等，这些土壤理化性质的分析方法简述如下：

（1）pH 值：称取 10.00 g 土壤样品，置于 50 ml 的烧杯中，用量筒加入 25 mL 无二氧化碳蒸馏水，放在磁力搅拌器上搅动 1 min，使土体充分散开，再放置半小时至澄清。打开 pH 计，校准后进行 pH 值测定。每测一个样品要用洗瓶轻轻将 pH 玻璃电极表面和甘汞电极顶端所粘着的土粒洗去，并用滤纸将吸附的水吸干，再进行第二个样品的测量。测定 5—6 个样品后，用 pH 标准缓冲液再校准一次。每个样品重复测定 3 次，取其平均值作为该土样的 pH 值。分析过程参照中华人民共和国农业行业标准《土壤检测（TY/T 1121）》中的第 2 部分严格实施。

（2）电导率：分析过程参照国际标准《土壤 电导率的测定方法》（ISO11265：1994（E））严格实施。采用上海仪电科学仪器股份有限公司的雷磁 DDSJ-308A 测定，每个土样重复测定 3 次取其平均值。

（3）阳离子交换量：采用氯化钡—硫酸强迫交换法测定，该方法的具体过程：[14]采用氯化钡—硫酸强迫交换法测定。称取过 2 mm 筛孔土样 2 g 至 100 mL 离心管，向管中加入 30 mL BaCl$_2$（0.5 mol/L）溶液，用带橡皮头玻璃棒搅拌 3—5 min 后，以 3000 r/min 转速离心至下层土壤紧实为止。弃其上清液，再加 30 mL $BaCl_2$ 溶液，重复上述操作。在离心管内加 50 mL 蒸馏水，用橡皮头玻璃棒搅拌 3—5 min 后，离心沉降，弃其上清液。重复数次，直至无氯离子(用硝酸银溶液检验)。移取 25.00 mL 0.1 mol/L(浓度需标定)的硫酸溶液至离心管中，搅拌分散土壤，用振荡机振荡 15 min 后，将离心管内溶液全部过滤入 250 mL 锥形瓶中，用蒸馏水冲洗离心管及滤纸数次，直至无硫酸根离子(用氯化钡溶液检验)。在锥形瓶中，加 1—2 滴酚酞指示剂，再用 0.1 mol/L(浓度需标定)标准氢氧化钠溶液滴定，溶液转为红色并数分钟不褪色为终点。最后 CEC 值由下式计算得出：

$$CEC = [C(H_2SO_4) \times 50 - N \times B(NaOH)] \times 100/(W_o \times K_2)$$

式中：CEC 指土壤阳离子交换量，cmol/kg；C 指标准硫酸溶液浓度，mol/L；B 指滴定消耗标准氢氧化钠溶液体积，mL；W_0 是称取的土样重，g；N 是标准氢氧化钠溶液的浓度，mol/L；K_2 是水分换算系数。

(4)土壤有机质：利用重铬酸钾—油浴法测定，具体分析过程参照中华人民共和国农业行业标准《土壤检测(TY/T 1121)》：利用重铬酸钾—油浴法测定，原理为在加热的条件下，用过量的重铬酸钾—硫酸($K_2Cr_2O_7$–H_2SO_4)溶液，来氧化土壤有机质中的碳，Cr_2O_{7-2}等被还原成 Cr^{+3}，剩余的重铬酸钾($K_2Cr_2O_7$)用硫酸亚铁($FeSO_4$)标准溶液滴定，根据消耗的重铬酸钾量计算出有机碳量，再乘以常数 1.724，即为 SOM。其反应式为，重铬酸钾—硫酸溶液与有机质作用：

$$2K_2Cr_2O_7 + 3C + 8H_2SO_4 = 2K_2SO_4 + 2Cr_2(SO_4)_3 + 3CO_2 \uparrow + 8H_2O;$$

硫酸亚铁滴定剩余重铬酸钾的反应：

$$K_2Cr_2O_7 + 6FeSO_4 + 7H_2SO_4 = K_2SO_4 + Cr_2(SO_4)_3 + 3Fe_2(SO_4)_3 + 7H_2O。$$

(5)土壤质地：采用鲍氏比重计(甲种)进行比重计速测法测定，具体分析过程参照中华人民共和国农业行业标准《土壤检测(TY/T 1121)》：采用鲍氏比重计(甲种)进行比重计速测法测定，其原理为经分散处理的土粒在悬液中自由沉降，粒径不同沉降速度不同，粒径愈

大，沉降愈快。具体操作步骤：称取过 2 mm 孔径筛的风干土样 50 g
（精确至 0.01 g），置于 150 mL 锥形瓶中。加蒸馏水湿润，使试样表面
有薄薄一层水，再加入 20 mL NaOH 分散剂（放置一夜），震荡 30 分钟。
振毕，于锥形瓶中加蒸馏水约 100 mL。在 1000 mL 量筒上放一大漏斗，
将孔径 0.25 mm 洗筛放在大漏斗内。充分摇动锥形瓶中的悬浮液通过
0.25 mm 洗筛，用水洗入量筒中。留在锥形瓶内的土粒，全部用水洗入
洗筛内，洗筛内的土粒用橡皮头玻璃棒轻轻地洗擦和用水冲洗，直到滤
下的水不再混浊为止。最后将量筒内的悬浮液用水加至 1000 mL。将盛
有悬浮液的 1000 mL 量筒放在温度变化较小的平稳试验台上，避免振动
和阳光直接照射。取温度计悬挂在盛有 1000 mL 水的 1000 mL 量筒中，
并将量筒与待测悬浮液量筒放在一起，记录水温，即代表悬浮液的温
度。用搅拌棒垂直搅拌悬浮液 1 min（上下各 30 次），搅拌时搅拌棒的
多孔片不要提出液面外，以免产生泡沫，搅拌完毕的时间即为开始静置
的时间（有机质含量较多的悬浮液，搅拌时会产生泡沫，影响比重计读
数，因此在放鲍氏比重计之前，可在悬浮液面上加几滴乙醇）。在选定
的时间前 30 s，将鲍氏比重计轻轻放入悬浮液中央，尽量勿使其左右摇
摆和上下浮沉，记录鲍氏比重计与弯液面相平的标度读数。测定小于
0.05 mm 粒级的比重计读数，在搅拌完毕静置 1 min 后放入鲍氏比重
计；测定小于 0.02 mm 粒级，搅拌完毕静置 5 min 后放入鲍氏比重计；
测定小于 0.002 mm 粒级，搅拌完毕静置 8 h 后放入土壤比重计。最后
根据司笃克斯（Stakes）定律（即在悬液中沉降的土粒，沉降速度与其粒
径平方成正比，而与悬液的粘滞系数成反比），算出不同直径的土粒在
水中沉降一定距离所需时间，并用特制比重计测出土壤悬液中所含土粒
（指<某一级的土粒）的数量，就可确定土壤质地。

2.2.5.2　土壤中重金属元素含量的分析

土壤中重金属元素含量的分析方法参照中国环境保护标准（HJ491-
2009）、农业部行业标准（NYT1121-2006）和环境监测书籍[15]等。首先，

重金属总量分析需要所有土壤样品(约 50 g)全部用研磨研碎过 0.15 mm 孔径筛。而后用电子天平(赛多利斯电子天平 TE124S,德国)准确称取 0.4 g(精确到 0.0002 g)土壤样品放入聚四氟乙烯消解罐中,用胶头滴管滴入 2—3 滴去离子水湿润。而后加入 10 mL 盐酸,90℃、40 分钟左右蒸发至 3 mL 左右时,取下稍冷,加入 5 mL 硝酸+5 mL 氢氟酸+3 mL 高氯酸,加盖中温(160℃)加热 1 小时左右后,打开盖子并持续加热除硅并且不时摇动消解罐,而后在冒浓厚白烟时加盖以分解黑色有机物,一段时间当黑色有机物消失后,打开盖子驱赶高氯酸白烟并且蒸至内含物至粘稠状。土壤消解液应呈白色或淡黄色(含铁含量高),没有明显沉淀物。根据消解中的实际情况可以再加入 3 mL 硝酸+3 mL 氢氟酸+1 mL 高氯酸,重复上述过程,取下稍冷,用水冲洗消解罐和内壁后,加入 1 mL 1+1 硝酸溶液和 1 mL 1+1 盐酸溶液温热溶解残渣,将消解溶液移至 50 mL 容量瓶,加入 5 mL 硝酸镧溶液(质量分数 5%—铁含量太高,会抑制 Zn 的测定;或加 5 mL 氯化铵溶液(质量分数 10%—铁含量太高,会抑制 Cr 测定),用去离子水定容,摇匀。用去离子水替代试样,采用相同上述步骤,制备全程序空白,每批次至少 2 个空白。待测样用原子吸收光谱仪火焰法(珀金埃尔默 AAnalyst 700,美国)测定 Cu、Zn、Pb、Cd 和 Cr 的总量(mg/kg)。

　　实验中涉及的化学试剂均为优级纯。去离子水是专门用于待测样品制备。实验中所有玻璃容器利用 5%(v/v)硝酸浸泡至少 24 小时,然后用蒸馏水、去离子水冲洗,确保没有交叉污染。原子吸收光谱仪的火焰法在进行测定时,各种元素的标准曲线的相关系数均在 0.999 以上,每 20 个样品进行一次校正。每批样本均采用国家一级标准物质(GBW GSS-5)、空白和平行试验进行准确度和精密度控制,每个试样测试 3 次以上,分析结果当重复样品分析误差低于 5%,和平行样本的分析精度±10% 时被认为可靠,结果精度满足《中国土壤环境监测技术规范》HJ/T 166-2004。

2.2.5.3 土壤重金属形态的分析

本研究中城镇土壤中重金属 Cu，Zn，Pb，Cd 和 Cr 各化学形态含量采用经典的 Tessier 连续提取法[16-17]测定，具体步骤如下：

(1)在 1 g 土壤样本中加入 1.0 mol/L 的 $MgCl_2$ 溶液(稀氨水和稀盐酸调节溶液的 pH 为 7.0)8 mL，在 25℃恒温振荡器中持续摇动 1 小时，然后置于离心机中以 6000 r/min 离心 15 分钟，取上清液过 0.45 μm 滤膜，则滤液中的重金属含量即为原土壤样本中的可交换态重金属含量。每一步提取过程完成后，其残渣用 10 mL 去离子水淋洗 2 次，弃去淋洗液，然后将经洗涤后的残余物用于下步分析。

(2)向过程 1 的残留物中加入 1.0 mol/L 醋酸钠溶液(用 1:1 醋酸调节溶液的 pH 为 5.0)8 mL，在 25℃恒温振荡器中持续摇动 5 小时，然后置于离心机中以 6000 r/min 离心 15 分钟，取上清液过 0.45 μm 滤膜，则滤液中的重金属含量即为原土壤样本中的碳酸盐结合态重金属含量。每一步提取过程完成后，其残渣用 10 mL 去离子水淋洗 2 次，弃去淋洗液，然后将经洗涤后的残余物用于下步分析。

(3)将 0.04 mol/L 的 $NH_2OH \cdot HCl$ 溶液(用 25%(v/v)CH_3COOH 定容)20 mL，加入到过程 2 的残留物中，在 96℃条件下放置 6 小时，每隔半小时摇动一次，然后置于离心机中以 6000 r/min 离心 15 分钟，取上清液过 0.45 μm 滤膜，则滤液中的重金属含量即为原土壤样本中的铁锰氧化物结合态的重金属含量。每一步提取过程完成后，其残渣用 10 mL 去离子水淋洗 2 次，弃去淋洗液，然后将经洗涤后的残余物用于下步分析。

(4)将 3 mL 0.02 mol/L HNO_3 溶液和 5 mL 30% H_2O_2 溶液(用适量 HNO_3 调节 30%H_2O_2 溶液的 pH 值为 2)加入过程 3 的残留物中。将混合液加温至 85℃并保持 2 小时，并间歇摇动。而后注入 3 mL 30%的 H_2O_2 溶液(用适量 HNO_3 调节 30%H_2O_2 溶液的 pH 值为 2)，再加热到 85℃并保持 3 小时。冷却后，加入 3.2 mol/L NH_4OAc 5 mL，并加蒸馏水以调

节体积至 20 mL 并摇动 30 分钟(25℃)，此步骤是为了防止分离出来的重金属元素被二次吸附。然后置于离心机中以 6000 r/min 离心 15 分钟，取上清液过 0.45 μm 滤膜，则滤液中的重金属元素含量即为原土壤样本中该重金属的有机物结合态含量。每一步提取过程完成后，其残渣用 10 mL 去离子水淋洗 2 次，弃去淋洗液，然后将经洗涤后的残余物用于下步分析。

(5)向过程 4 离心残渣的离心管中加入混合酸 8.0 mL HNO_3，2.0 mL HF，2.0 mL $HClO_4$ 和 2.0 mL HCl，水浴保温 85℃，间歇振荡，消化 3 小时，然后置于离心机中以 6000 r/min 离心 15 分钟，取上清液过 0.45 μm 滤膜，则滤液中的金属含量即为原土壤样本中残渣态的重金属元素。

测定重金属含量时的质量控制步骤同上小节过程，而对于重金属形态分析的质量控制是通过重金属各化学形态的含量加和值除以上小节中得到的重金属总量值，本研究的回收率保持在 90.05%—108.20%，符合本次研究和国家标准的要求。

2.3 城镇土壤重金属总量的空间统计分析

2.3.1 城镇土壤重金属总量的数理统计描述

基于重金属总量试验分析和数据结果，借助 SPSS 软件对研究的 5 种重金属(Pb、Zn、Cr、Cu 和 Cd)的总量数据结果进行了统计分析，详见表 2.1。由表 2.1 可知，基于 Kolmogorov-Smirnov(K-S)正态分布检验，先导区土壤中 Cu、Pb、Cd 和 Cr 的总量数据均符合正态分布($p >$ 0.05)，而 Zn 的总量数据经 $\log_{10}()$ 函数转化后也符合正态分布，故 Zn 的总量数据属于对数正态分布。在数据分析前需要特别注意以下数理原则：数学期望(平均值)是表征随机变量样本总体大小特征的统计量。当随机变量样本分布服从正态分布时，算术平均值可作为此变量样本的数学期望;当随机变量样本分布不服从正态分布时,可通过假设检验来判断变量样本是否服从对数正态分布。如随机变量样本分布服从对数正态分布时,几何平均值可作为此变量样本的数学期望,[18]以下研究均遵循上述原则。

表2.1 城镇土壤重金属总量的初步统计分析 (mg/kg)

项目	Cu	Zn	Pb	Cd	Cr
最大值	75.30	738.40	109.30	15.10	205.20
最小值	10.30	28.80	2.40	0.30	25.40
算术均值	29.75	139.21	26.67	3.10	85.74
几何均值	28.16	98.74	19.26	2.16	78.17
标准差	10.27	145.56	20.43	2.70	39.72
变异系数(%)	34.53	104.57	76.62	86.88	45.33
K-S Sig.	0.649	0.000	0.403	0.050	0.060
K-S Log.	—	0.289	—	—	—
背景值中国a	22.6	74.2	26.0	0.097	61.0
背景值湖南b	25	96	30	0.07	68
一级标准c	35	100	35	0.2	90
二级标准c	100	300	250	0.6	250
三级标准c	400	500	500	1.0	300

注:a《中国土壤元素背景值》,1990[19];b《湖南土壤背景值及研究方法》,1988;[20] c《土壤环境质量标准(GB15618—1995)》

由表2.1可知,先导区土壤中 Cu、Zn、Pb、Cd 和 Cr 的平均值分别为 29.75 mg/kg、98.74 mg/kg、26.67 mg/kg、3.10 mg/kg 和 85.74 mg/kg。与中国土壤元素背景值[19]相比,先导区土壤中 Cu、Zn、Pb、

Cd 和 Cr 总量均值都分别高于其对应的背景值 22.6 mg/kg、74.2 mg/kg、26.0 mg/kg、0.097 mg/kg 和 61.0 mg/kg；参比于湖南省土壤土壤元素背景值，土壤中 Cu、Zn、Cd 和 Cr 均超过其对应的湖南省土壤背景值 25 mg/kg、96 mg/kg、0.07 mg/kg 和 68 mg/kg，而 Pb 略低于其湖南省背景值 30 mg/kg，故可初步判断该区域一定有人为源重金属输入。以中国《土壤环境质量标准(GB15618—1995)》中各重金属的对应限值为参照，Cu、Zn、Pb 和 Cr 的总量均值低于其对应的土壤环境质量一级标准值，而 Cd 的总量均值则超过了其对应的土壤环境质量三级标准值，且超标达 3.1 倍。

变异系数(Coefficient of variation，CV)反映了总体样本中个采样点某属性的平均变异程度，一般认为变异系数高的总样本更可能是受局部人为活动扰动，并认为在 CV≤10% 时，总样本属于弱空间变异度；在 10%<CV<100% 时，总样本属于中等空间变异度；CV≥100% 时，总样本属于强空间变异度。先导区土壤的 5 种重金属中 Zn 的变异系数最大，为 104.57%，属于强空间变异度，而其他 4 个重金属均属于中等空间变异度，其 CV 值的降序排列为：Cd>Pb>Cr>Cu。综上，先导区表层土壤可能已经受到了不同程度的 Zn 和 Cd 富集污染，关于先导区土壤中重金属的空间特征的将下章节进行研究分析。

先导区土壤重金属平均含量与国内外部分城镇土壤中重金属平均含量[21-34]的对比分析列于表 2.2。由表 2.2 可知，先导区土壤 Cu 含量与芬兰的图尔库市、北京市、长春市、石家庄市和伊朗的斯坦省土壤中的 Cu 共处于相对较低的含量水平；Zn 含量与长春市、郑州市、北京市和斯坦省基于都处于相对较低水平；先导区与斯坦省、芬兰 Pb 含量都处于相对较低水平；Cd 含量仅次于黎巴嫩，处于相对较高的含量水平；Cr 的含量与乌鲁木齐、沈阳市土壤 Cr 含量较为接近，属于相对相对较高的含量水平。鉴于不同检测方法所得结果间对比的不确定性(主要来源于不同的预处理、消解和检测方法)，故同时列出各研究中重金属总量分析的检测方法。

表 2.2 国内外城镇土壤中各重金属的含量 （mg/kg）

城市	检测方法	Cu	Zn	Pb	Cd	Cr	参考文献
北京市	AAS	23.7	65.6	28.6	0.15	35.6	[21]
上海市	AAS	59.25	301.4	70.69	0.52	107.9	[22]
长春市	GFAAS	29.4	90.0	35.4	0.13	66.0	[23]
广州市	AAS	62.57	169.24	108.55	0.495	—	[24]
沈阳市	ICP-AES	92.45	234.80	116.76	1.10	67.90	[25]
石家庄	ICP-OES AAS	27.39	104.48	31.00	0.275	71.85	[26]
郑州市	AAS	59.10	91.70	39.60	—	—	[27]
乌鲁木齐	ICP-MS	66.64	150.80	160.27	0.248	74.90	[28]
墨西哥城，墨西哥	ICP-MS	93	447	116	—	135	[29]
黎巴嫩	ICP-AES	—	—	—	7.5	42.75	[30]
戈勒斯坦，伊朗	GFAAS	23.9	82.08	15.42	0.12	—	[31]
那不勒斯，意大利	AAS	74	251	262	—	11	[32]
图尔库，芬兰	ICP-AES	19.15	72.5	20	0.2	37	[33]
波尔图，葡萄牙	ICP-MS	78.5	146	86	0.325	—	[34]
彰化县，中国台湾	ICP-OES	194.7	526.4	148.27	1.34	194	[35]
本研究	AAS	29.75	98.74	26.67	3.10	85.74	

注：ICP-MS：电感耦合等离子体质谱（Inductively coupled plasma mass spectrometry）；ICP-OES：电感耦合等离子体发射光谱仪（Inductively coupled plasma optical emission spectrometer）；GFAAS：石墨炉原子吸收光谱法（Graphite furnace atomic absorption spectrometry）；ICP-AES：（Inductively coupled plasma atomic emission spectroscopy）；AAS：原子吸收光谱法（Atomic absorption spectroscopy）

2.3.2　城镇土壤重金属的空间分布特征研究

2.3.2.1　空间统计分析方法

受环境数据空间依赖性、空间异质性等本质特征的影响，使得传统数理统计方法无法较好地解决空间样本点的空间估值和两组以上空间数据的相互关系问题，因此空间统计分析方法应运而生。[36]空间统计分析方法中普通克里格插值方法和反距离权重插值法被普遍采用，并已在包括环境学等多领域发挥了良好的作用。[21,32,35,37]其中普通克里格插值方法(Ordinary kriging interpolation)是建立在地统计学之上的一种插值方法，它要求数据在空间上是连续的，服从正态分布，并且具有自相关性，其半方差函数的拟合需要基于大量数据的采集，同时在参数选择方面需要依靠经验来判断，存在着一定的不确定性；反距离权重插值法(Inverse distance weighting，IDW)是一种基于距离权重的插值方法，插值最优参数易于选择，它要求研究区域的采样点分布均匀，对数据的统计分布没有要求。[36]下面简要介绍这两种常用插值方法的原理：

(1)反距离权重插值法。

反距离权重插值法继承了多元回归渐变方法和泰森多边形自然邻近法的优点。其假设未知点 x_0 处的属性值是在局部邻域内中所有数据点的距离加权平均值。[36]反距离权重插值法是加权移动平均方法的一种，其一般函数表达式如下：

$$Z(x) = \frac{\sum_{i=1}^{n} Z(x_i)\, \frac{1}{(d_i)^p}}{\sum_{i=1}^{n} \frac{1}{(d_i)^p}} \tag{2.1}$$

式中，$Z(x)$ 为点 x 的预测值，$Z(x_i)$ 为 x_i 点处的实测值。d_i 表示预测点与采样点间的距离，n 为实测点数目，p 是指定的幂。p 值对插值结果有着明显影响，$p = 1$ 意味着点之间数值变化率为恒定，该方法即成为线性插值法；而 p 大于 1 时，该方法则是非线性距离权重插值，一个较大的 p 值意味着较近的采样点被赋予一个较大的权重，放大了距离较近样点的作用；当 p 较小时，各采样点的权重分配会比较均匀，可得到一个比较平滑的插值面。ArcGIS 中默认 p 值为 2。

（2）普通克里格插值法。

克里格插值法，其核心技术为变异函数模型的构建，利用所建的半变异函数模型表征空间中采样点属性值随距离的变化关系，最后在有限区域内对区域化变量的取值进行无偏最优估计。[38]该方法的前提是半方差函数和相关分析的结果表明区域化变量存在空间相关性。其中，普通克里格法是最常用的一种克里格插值方法，如一随机变量在两点上的取值分别为 $Z(x)$ 和 $Z(x+h)$，则这两点上随机变量的半方差定义如下：[38-40]

$$\gamma(h) = \frac{1}{2n(h)} \sum_{i=1}^{n} \left[Z(x_i) - Z(x_i + h) \right]^2 \qquad (2.2)$$

式中，$n(h)$ 是以 h 为间距的所有观测点的成对数目(若采样点共有 n 个，则 $n(h) = n-1$。基于公式(2.2)的普通克里格公式可表达为：

$$Z(x) = \sum_{i=1}^{n} \lambda_i Z(x_i) \qquad (2.3)$$

式中，$Z(x)$ 为样点的估计值，$Z(x_i)$ $(i=1, \cdots, n)$ 为 n 个样本点的实测值，λ_i 为权重系数，表示各空间样本点 x_i 处的观测值对估计值 $Z(x)$ 的贡献程度。

（3）空间表征分析方法的选择。

空间表征分析方法的科学选择是样点属性空间分析的首要前提，故分别将先导区各采样点的土壤重金属数据进行普通克里格插值和反距离权重插值，结果显示实验数据的半方差函数拟合结果不佳(选取的拟合模型为球状模型)，这很可能和研究中 52 个采样点暂不能很好地满足普通克里格法对采样密度、样本量的要求(采样点需尽量大于 80 个[36])，故选择反距离权重插值法作为本研究的空间分析方法。

2.3.2.2　城镇土壤重金属的空间分布特征

基于 ArcGIS 和 SPSS 软件分别用反距离权插值法对土壤中重金属含量进行空间插值表征和用单因素方差检验对不同土地利用方式下的土壤重金属含量进行差异分析，结果见图 2.6 和表 2.3。由图 2.6 和表 2.1 可知约 20% 的先导区土壤 Cu 含量处于土壤环境质量标准一级、二级值之间，且这些区域主要集中在先导区东北部望城区中的星城镇与高塘岭镇；其他 80% 区域的土壤 Cu 含量低于土壤环境质量标准一级值，其 Cu 的含量呈从西南部到东北部的递增梯度分布。F1、F2、F6、F7、F14、U2、U8、U9、U13、U14、W4 和 W5 这 12 个采样点有着相对较高的 Cu 含量，其范围处于 36.1 mg/kg—75.3 mg/kg。由表 2.3 可知，先导区不同土地利用方式下 Cu 的平均含量排序为：建设用地>农地>林地，并且农地土壤、建设用地和林地中的 Cu 属于中等空间变异度。根据单因素方差分析结果(Sig. = 0.176>0.05)，故先导区不同的土地利用方式对区域 Cu 含量的影响不显著。

先导区土壤 Zn 分布没有明显的空间规律，约 8% 区域的土壤 Zn 含量处于土壤环境质量标准二级、三级值之间，约 56% 区域的土壤 Zn 含量处于土壤环境质量标准一级、二级值之间，约 36% 区域的土壤 Zn 含量低于土壤环境质量标准一级值。F2、F4、F12、F14、F17、F22、U14 和 W10 这 8 个采样点有着相对较高的 Zn 含量，其范围处于 263.5 mg/kg—738.4 mg/kg。只有采样点 W10 超出了土壤质量标准三级值，远高于其他采样点，故需要进一步核实 W10 附近区域污染情况，可能有点源污染。由表 2.3 可知，先导区不同土地利用方式下 Zn 的平均含量排序为：农地>林地>建设用地，但林地土壤中的 Zn 属于强空间变异度，农地土壤和建设用地中的 Zn 属于中等空间变异度。根据单因素方差分析结果(Sig. = 0.599>0.05)，故不同的土地利用方式对区域 Zn 含量的影响不显著。

表 2.3　　不同土地利用方式对土壤重金属含量影响的单因素方差分析

项目		农地 （采样点 = 25）	建设用地 （采样点 = 15）	林地 （采样点 = 12）	F	Sig.
Cu	平均值（mg/kg）	30.38	32.38	25.14	1.802	0.176
	变异系数	37.3%	16%	45.4%		
Zn	平均值（mg/kg）	156.46	107.79	142.52	0.518	0.599
	变异系数	92.5%	91.7%	137%		
Pb	平均值（mg/kg）	28.12	23.83	27.21	0.206	0.815
	变异系数	92.8%	66.3%	39.3%		
Cd	平均值（mg/kg）	3.39	3.46	2.06	1.184	0.315
	变异系数	106.2%	49.1%	38.1%		
Cr	平均值（mg/kg）	71.68	120.77	71.24	11.609	0.000
	变异系数	32.7%	40.4%	37.9%		
	Tukey	1 组	2 组	1 组		

先导区的 Pb 分布也没有明显的空间规律，约 18% 区域的土壤 Pb
含量处于土壤环境质量标准一级、二级值之间，约 82% 区域的土壤 Pb
含量低于土壤环境质量标准一级值。F1、F4、F6、F8、F13、F14、U4、
U5、U14、W1 和 W2 这 11 个采样点有着相对较高的 Pb 含量，其范围
处于 38.2 mg/kg—109.3 mg/kg，相对高含量区域主要分布在先导区最
北部和最南部、小部分在宁乡县县城处。由表 2.3 可知，先导区不同土
地利用方式下 Pb 的平均含量排序与 Zn 一致为：农地>林地>建设用地，
并且林地、农地土壤和建设用地中的 Pb 属于中等空间变异度。根据单
因素方差分析结果（Sig. = 0.815>0.05），故不同土地利用方式对区域
Pb 含量的影响不显著。

先导区的 Cd 含量分布较为均匀，约 95% 区域土壤 Cd 含量超出了
土壤环境质量标准三级值，整个区域富集较为严重，相对高含量区域主
要在东北部望城区星城镇附近，这与该区域 Cu 的高含量分布相似。

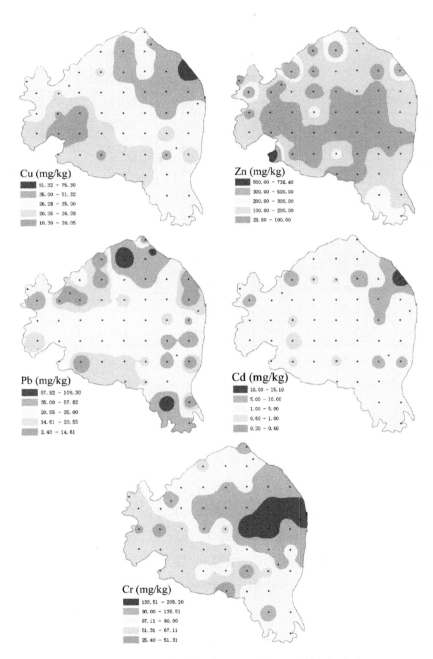

图 2.6 基于 IDW 插值的先导区土壤重金属的空间分布

F2、F6、F8、F22、U6、U8 和 U14 这 7 个采样点有着相对较高的 Cd 含量，其范围处于 5.9 mg/kg—15.1 mg/kg。由表 2.3 可知，先导区不同土地利用方式下 Cd 的平均含量排序与 Cu 一致为：建设用地>农地>林地，但农地土壤中 Cd 属于强空间变异度，建设用地和林地中的 Cd 属于中等空间变异度。根据单因素方差分析结果（Sig.＝0.315>0.05），不同的土地利用方式对区域 Cd 含量的影响不显著。

先导区的 Cr 分布也呈从西南部到东部的递增梯度分布，不同于 Cu 的是其相对高含量区域主要在先导区中东部分属岳麓区范围。约 37% 区域的土壤 Cr 含量处于土壤环境质量标准一级、二级值之间，约 63% 区域的土壤 Cr 含量低于土壤环境质量标准一级值。F2、F4、F7、F17、U1、U2、U3、U7、U8、U9、U11、U12、U13 和 W4 这 14 个采样点有着相对较高的 Cr 含量，其范围处于 98.1 mg/kg—205.2 mg/kg。由表 2.3 可知，先导区不同土地利用方式下 Cr 的平均含量排序与 Cu、Cd 一致，并且林地、农地土壤和建设用地中的 Pb 均属于中等空间变异度。根据单因素方差分析结果（Sig.＝0.000<0.05），不同的土地利用方式对区域 Cr 含量的影响显著，根据 Tukey 检验结果可知，建设用地土壤中 Cr 的含量显著区别与农地、林地土壤中 Cr 的含量。

2.4 城镇土壤重金属的化学形态组成特征

目前，学界已经认可土壤中重金属对人群和环境的危害程度，绝大部分决定于其在土壤中的赋存形态组成，[41-42] 且学界普遍认为可交换态和碳酸盐结合态的重金属相对不稳定、易迁移。基于经典的 Tessier 连续提取法，可将土壤中金属元素可以分为可交换态（S1）、碳酸盐结合态（S2）、铁-锰氧化物结合态（S3）、有机络合态（S4）和残渣态（S5），对实验所得数据进行统计分析，将 5 种重金属的各形态对总量的贡献率表征于图 2.7—图 2.9。

由图 2.7 可知，先导区土壤中 Cu 主要以残渣态为主，全部采样点

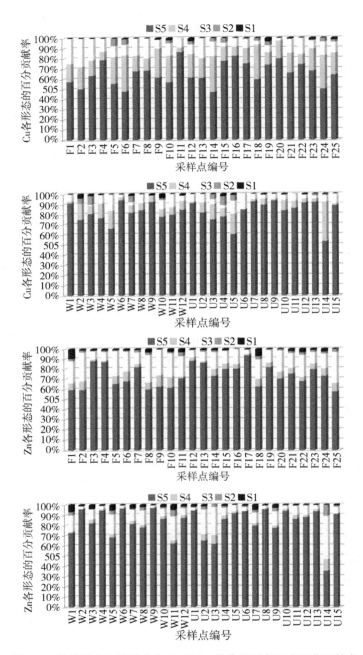

图 2.7　各采样点土壤样品中 Cu 和 Zn 的化学形态组成百分贡献率

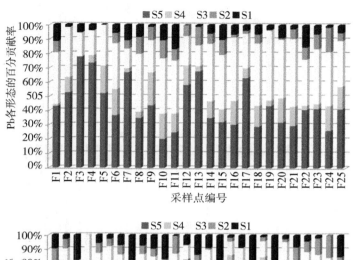

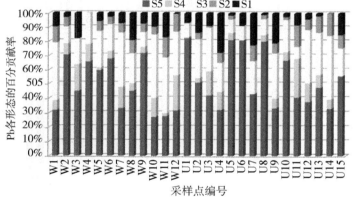

图 2.8 各采样点土壤样品中 Pb 的化学形态组成百分贡献率

中 Cu 的可交换态、碳酸盐结合态、铁-锰氧化物结合态、有机络合态和残渣态对于 Cu 总量的贡献率区间（平均贡献率）分别为 0%—4.19%（0.72%）、0%—8.85%（1.65%）、0%—27.7%（9.36%）、0%—38.74%（14%）和 47.2%—94.2%（74.27%），Cu 的化学形态总体分布趋势为：残渣态>有机络合态>铁锰氧化态>碳酸盐结合态>可交换态。根据各采样点所在的土地利用方式，可交换态平均含量的降序排列为：林地（1.26%）>农地（0.61%）>建设用地（0.46%）；碳酸盐结合态平均

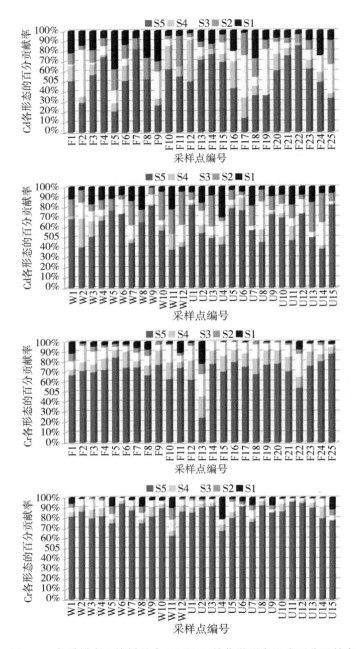

图 2.9 各采样点土壤样品中 Cd 和 Cr 的化学形态组成百分贡献率

含量的降序排列为：林地(1.82%)>农地(1.63%)>建设用地(1.53%)；铁锰氧化结合态平均含量的降序排列为：农地(12.48%)>建设用地(6.70%)>林地(6.17%)；有机络合态平均含量的降序排列为：农地(19.77%)>林地(8.74%)>建设用地(8.59%)；残渣态平均含量的降序排列为：建设用地(82.71%)>林地(82.00%)>农地(65.5%)。综上说明较高迁移性的 Cu 主要与林地有关。

先导区土壤中 Zn 也主要以残渣态为主，全部采样点中 Zn 的可交换态、碳酸盐结合态、铁-锰氧化物结合态、有机络合态和残渣态对于 Zn 总量的贡献率区间（平均贡献率）分别为 0%—9.88%(1.99%)、0.10%—10.73%(1.76%)、1.75%—42.60%(13.97%)、0.10%—11.32%(4.10%)和 35.43%—96.84%(78.18%)。故 Zn 的化学形态总体分布趋势为：残渣态>铁锰氧化态>有机络合态>可交换态>碳酸盐结合态，这与 Cu 稍有不同。根据各采样点所在的土地利用方式，可交换态平均含量的降序排列为：林地(2.89%)>农地(2.01%)>建设用地(1.23%)；碳酸盐结合态平均含量的降序排列为：建设用地(1.92%)>林地(1.77%)>农地(1.67%)；铁锰氧化结合态平均含量的降序排列为：农地(17.49%)>建设用地(11.49%)>林地(9.75%)；有机络合态平均含量的降序排列为：林地(5.62%)>建设用地(3.14%)>农地(2.12%)；残渣态平均含量的降序排列为：林地(83.47%)>建设用地(82.21%)>农地(73.22%)。综上说明较高迁移性的 Zn 主要与林地、农地有关。

由图 2.8 可知，先导区土壤中的 Pb 也主要以残渣态和铁锰氧化态为主，全部采样点中 Cd 的可交换态、碳酸盐结合态、铁-锰氧化物结合态、有机络合态和残渣态对于 Cd 总量的贡献率区间（平均贡献率）分别为 0%—28.01%(7.60%)、0%—17.08%(6.60%)、9.37%—49.31%(28.48%)、0%—27.38%(9.54%)和 20.31%—82.26%(47.77%)。故先导区 Pb 的化学形态总体分布趋势为：残渣态>铁锰氧化态>有机络合态>可交换态>碳酸盐结合态。根据各采样点所在的土地利用方式，可交换态平均含量的降序排列为：建设用地（9.64%）>林地（8.33%）>农地（6.03%）；碳酸盐结合态平均含量的降序排列为：林地（7.09%）>建设用地（6.60%）>农地（6.37%）；铁锰氧化结合态平均含量的降序排列为：农地（32.91%）>林地（23.71%）>建设用地（22.51%）；有机络合态平均含量的降序排列为：农地（10.71%）>林地（9.73%）建设用地（7.45%）>；残渣态平均含量的降序排列为：建设用地（53.80%）>林地（48.14%）>农地（43.98%）。综上说明较高迁移性的 Pb 主要与建设用地、林地有关。

由图 2.9 可知，先导区土壤中的 Cd 也主要以残渣态为主，全部采样点中 Cd 的可交换态、碳酸盐结合态、铁-锰氧化物结合态、有机络合态和残渣态对于 Cd 总量的贡献率区间（平均贡献率）分别为 0.49%—37.50%（12.07%）、0%—33.18%（12.71%）、0%—46.67%（10.51%）、0%—41.25%（7.98%）和 14%—85.37%（56.73%）。故先导区 Cd 的化学形态总体分布趋势为：残渣态>碳酸盐结合态>可交换态>铁锰氧化态>有机络合态，整体分布较其他重金属比较特殊。根据各采样点所在的土地利用方式，可交换态平均含量的降序排列为：农地（13.40%）>林地（11.03%）>建设用地（10.70%）；碳酸盐结合态平均含量的降序排列为：林地（15.88%）>建设用地（13.58%）>农地（10.66%）；铁锰氧化结合态平均含量的降序排列为：农地（12.47%）>建设用地（9.54%）>林地（6.85%）；有机络合态平均含量的降序排列为：农地（10.39%）>林地（6.85%）>建设用地（4.87%）；残渣态平均含量的降序排列为：建设用地（61.31%）>林地（58.62%）>农地（53.07%）。综上说明较高迁移性的 Cd 与建设用地、农地和林地都有一定程度的相关，其中与林地最相关。

先导区土壤中的 Cr 也主要以残渣态为主，全部采样点中 Cr 的可交换态、碳酸盐结合态、铁-锰氧化物结合态、有机络合态和残渣态对于 Cd 总量的贡献率区间（平均贡献率）分别为 0%—22.34%（3.77%）、

0%—11.26%（2.52%）、1.46%—22.87%（7.91%）、0%—20.92%（8.21%）和24.11%—95.86%（77.59%）。故先导区Cr的化学形态总体分布趋势为：残渣态>有机络合态>铁锰氧化态>可交换态>碳酸盐结合态。根据各采样点所在的土地利用方式，可交换态平均含量的降序排列为：建设用地（4.03%）>林地（3.57%）>农地（3.71%）；碳酸盐结合态平均含量的降序排列为：林地（2.88%）>农地（2.74%）>建设用地（1.85%）；铁锰氧化结合态平均含量的降序排列为：农地（10.80%）>林地（6.22%）>建设用地（4.45%）；有机络合态平均含量的降序排列为：农地（12.00%）>林地（5.55%）>建设用地（4.03%）；残渣态平均含量的降序排列为：建设用地（85.63%）>林地（81.77%）>农地（70.75%）。以上说明较高迁移性的Cr与建设用地、林地和农地相关度相近，其中农地中Cr的残渣态含量最低。

综上所述，先导区土壤中5种重金属都基本以残渣态为主要赋存形态，而其他形态对总量的贡献率则各有不同，且不同土地利用方式下城镇土壤重金属形态组成有明显差异，在后续研究中将进一步定量评价与分析各重金属的生物可利用性。

2.5 城镇土壤中重金属与土壤理化性质之间的相关关系研究

2.5.1 城镇土壤理化性质的数理统计分析

土壤理化性质对土壤重金属的迁移转化和其化学形态组成具有一定影响，[12-13]首先统计分析整个先导区的土壤理化性质，然后进行分土地利用方式比较研究，最后研究各个理化性质之间的相关关系。借助SPSS软件对先导区表层土壤的理化性质数据进行了统计描述，其结果见表2.4。

表 2.4　　　　　　　　城镇土壤理化性质的初步统计分析

项目	pH	土壤有机质（%）	阳离子交换量（cmol/kg）	电导率（μS/cm）	砂粒（%）	粘粒（%）	粉粒（%）
最大值	7.38	6.00	215.77	149.30	62.03	44.86	62.14
最小值	4.31	0.18	3.13	23.60	14.38	7.37	30.07
算术均值	5.72	2.24	18.37	76.30	29.45	23.21	47.45
几何均值	5.67	1.85	13.44	71.25	27.65	27.65	46.78
标准差	0.78	0.01	29.10	28.73	0.11	0.09	0.08
变异系数(%)	13.60	52.83	158.24	37.65	36.09	35.06	16.52
K-S Sig.	0.811	0.991	0.000	0.602	0.661	0.655	0.708
K-S Log.	—	—	0.458	—	—	—	—
BV$_{China}$[a]	6.5	2.00	—	—	—	—	—

由表 2.4 可知，基于 Kolmogorov-Smirnov 正态分布检验，先导区土壤中 pH、土壤有机质、电导率、砂粒、粘粒和粉粒的数据均符合正态分布（p>0.05），而阳离子交换量数据经 Log$_{10}$( ) 函数转化后也符合正态分布，故阳离子交换量数据分布属于对数正态分布。关于城镇土壤理化性质的描述分析如下：

（1）pH：pH 是土壤酸碱度的反映指标，土壤酸碱度取决于土壤溶液中游离的 H$^+$ 和 OH$^-$ 离子，也与土壤胶体上的致酸离子和致碱离子相关，pH 值对土壤的性质有较大的影响。相关研究表明，土壤 pH 的变化与土壤中重金属元素的迁移转化和赋存形态组成均有密切关系。[12]先导区土壤的 pH 的平均值为 5.72，低于中国土壤的背景 pH 值 6.5，根据我国土壤 pH 分级表可知先导区表层土壤属于酸性土壤，其 pH 的变化范围为 4.31—7.38，说明先导区不同区域的土壤 pH 存在一定空间差异。pH 值的标准差为 0.78，变异系数为 13.60%，表明表层土壤的 pH 属于中等空间变异度。

（2）阳离子交换量（CEC）：CEC 指土壤中有机无机胶体所吸附的交换性阳离子总量，以 100 g 干土吸附阳离子的毫克当量数表示。土壤 CEC 的大小是其缓冲能力的主要表征指标，是改良土壤和合理施肥的重要依据之一，也是高产稳产农田肥力的重要指标。研究表明，CEC 和土壤 pH 关系密切，一般在其他条件相似的情况下，CEC 越高，对重金属的钝化能力越强，[43] 且往往存在不同土壤胶体的阳离子交换量随 pH 值增大而增大的情况。先导区土壤 CEC 的平均值为 13.44 cmol/kg，CEC 的变化范围为 3.13 cmol/kg—215.77 cmol/kg，其标准差为 29.10，变异系数为 158.24%，表明表层土壤的 CEC 属于强空间变异度。

（3）土壤有机质（SOM）：SOM 既是植物矿质营养和有机营养的源泉，又是土壤中异养型微生物的能源物质，同时也是形成土壤结构的重要因素之一。土壤有机质含量的多少，在一定程度上可说明土壤的肥沃程度。[12] 一般认为土壤有机质含量越高，其对重金属的配位与富集能力越强。先导区土壤 SOM 的平均值为 2.24%，略高于我国的 SOM 背景值（2%），其 SOM 的变化范围为 0.18%—6.00%，标准差为 0.01，变异系数为 52.83%，表明表层土壤的 SOM 属于中等空间变异度。

（4）土壤质地：土壤质地是土壤中不同大小粒径的矿物颗粒组合反映出来的特征，它与土壤通气性、保肥、保水能力等有密切关系，是拟定土壤利用、管理和改良措施的重要依据。一般认为，土壤质地越粘重，其持留性就越大，反之土壤质地越砂，它的淋失率就越高。[12] 先导区各个采样点的土样中粘粒含量的变化范围为 7.37%—44.86%，其平均含量为 23.21%，变异系数为 35.06%，属于中等变异度；粉粒含量的变化范围为 30.07%—62.14%，其平均含量为 47.45%，变异系数为 16.52%，属于中等变异度；砂粒含量的变化范围为 14.38%—62.03%，其平均含量为 29.45%，变异系数为 36.09%，属于中等空间变异度。上述结果说明先导区表层土壤中主要以粉粒为主，砂粒和粘粒含量基本相当，但各个子区域存在不同程度的分布差异。

（5）电导率（EC）：土壤溶液的导电能力强弱可用电导率衡量，它也是土壤的重要理化性质，EC 会限制植物和微生物活性的阈值，影响到土壤养分和污染物的转化、存在状态及有效性，反映了在一定水分条件下土壤盐分的实际状况。近年来，国内外许多学者建议直接用电导率表示土壤含盐量，[44]且 EC 包含了土壤水分含量及离子组成等丰富信息。先导区表层土壤的电导率的变化范围为 23.60—149.30 µS/cm，其平均值为 76.30 µS/cm。先导区表层土壤的电导率变异系数为 37.65%，可以说明先导区土壤的盐分含量处于中等空间变异度。

2.5.2　不同土地利用方式对土壤理化性质的空间分布影响

基于表 2.4，为进一步探索重金属分布、土地利用方式与土壤理化性质分布的空间相关性，借助 ArcGIS 和 SPSS 软件分别用反距离权插值法对先导区土壤中重金属进行空间插值和单因素方差检验对不同土地利用方式下的土壤理化性质差异进行分析，其结果如图 2.10—2.11 和表2.5。由图 2.10 可知，先导区土壤 pH 分布呈现中部比四周低的趋势，

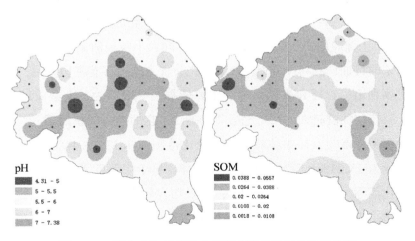

图 2.10　基于 IDW 插值的土壤部分理化性质的空间分布

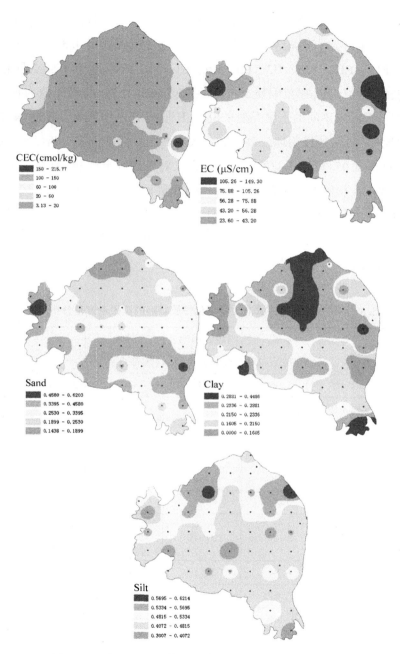

图 2.11 基于 IDW 插值的土壤部分理化性质的空间分布

也就是中部土壤酸性比四周相对强;从各采样点来看,U4 和 W1—12
这 13 个采样点有着相对较高的酸性,其 pH 范围处于 4.31—4.89,而
F9、F11、F19、F25、U2、U5、U6、U14 和 U15 这 9 个采样点具有相
对低的酸性,其 pH 范围处于 6.48—7.38(中国土壤 pH 背景值为 6.5)。
根据各采样点不同的土壤类型来说,pH 值的升序排列为:林地(4.74)
<农地(5.95)<建设用地(6.13),由表 2.5 中单因素方差分析结果(Sig.
=0.000<0.05)可知不同的土地利用方式对先导区土壤 pH 有显著影响,
根据 Tukey 检验结果可知,林地 pH 的含量显著区别与农地、建设用地
土壤 pH。结合 2.4.1 城镇重金属形态的统计分析与空间分布的分析结
果可知,林地土壤的较强酸性很可能是研究中 5 种重金属在林地土壤中
生物可利用性、迁移性较高的原因之一。

表 2.5　不同土地利用方式对土壤理化性质影响的单因素方差分析

项目		农地 (采样点=25)	建设用地 (采样点=15)	林地 (采样点=12)	F	Sig.
pH	平均值	5.95	6.13	4.74	23.808	0.000
	变异系数	0.58	0.67	0.32		
	Tukey	1 组	1 组	2 组		
SOM	平均值	2.69%	1.22%	2.61%	11.102	0.000
	变异系数	0.73%	1.16%	1.27%		
	Tukey	1 组	2 组	1 组		
CEC	平均值 (cmol/kg)	13.77	31.70	11.31	2.362	0.105
	变异系数	6.84	52.13	3.74		
Sand	平均值	27.40%	33.52%	28.57%	1.629	0.207
	变异系数	9.48%	12.11%	10.43%		
Clay	平均值	21.50%	22.77%	29.25%	4.102	0.023
	变异系数	5.23%	10.55%	8.73%		

项目		农地 (采样点=25)	建设用地 (采样点=15)	林地 (采样点=12)	F	Sig.
Silt	平均值	51.06%	45.63%	42.19%	7.137	0.002
	变异系数	7.09%	7.10%	6.85%		
EC	平均值 (μS/cm)	69.62	87.61	76.09	1.906	0.160
	变异系数	27.40	36.38	15.06		
	Tukey	1组	2组	1组		

先导区土壤有机质含量基本呈由东向北西逐渐增高的趋势；采样点 F1、F6、F7、F8、F15、F16、F17、F21、F22、F23、U15、W2、W5 和 W9 具有较高的土壤有机质含量，其含量范围处于 3.04%—5.57% (中国土壤有机质背景值为 2%)。根据各采样点不同的土壤类型来说，土壤有机质含量的降序排列为：农地(2.69%)>林地(2.61%)>建设用地(1.22%)，由表 2.5 中单因素方差分析结果(Sig. = 0.000 < 0.05)可知不同的土地利用方式对先导区土壤有机质也有显著影响，根据 Tukey 检验结果可知，建设用地的有机质含量显著区别与农地、林地土壤有机质含量，这很可能与农地的长期农业肥料使用等有关。

由图 2.11，先导区土壤阳离子交换量基本呈相对均匀的分布，只是在宁乡县和坪塘镇处 CEC 值相对偏高，总体来看主要在建设用地方式下阳离子交换量较高；采样点 F2、F9、F12、U2、U4、U5、U6 和 U14 具有相对较高的土壤阳离子交换量，其范围处于 21.13—215.77 cmol/kg。根据各采样点不同的土壤类型来说，土壤阳离子交换量的降序排列为：建设用地(31.70 cmol/kg)>农地(13.77 cmol/kg)>林地(11.31 cmol/kg)，由表 2.5 中单因素方差分析结果(Sig. = 0.105 > 0.05)可知不同的土地利用方式对先导区土壤阳离子交换量无显著影响。土壤 CEC 较高则土壤有着较高的重金属钝化作用，这个结果在一定程度上解释了在建设用地方式下土壤重金属的生物可利用、迁移性较低。

先导区土壤电导率呈现东和西两侧相对较高的特点，也是与先导区主要的建设用地分布较为吻合，而中部土壤电导率相对较低；采样点 F2、F3、F8、F11、F12、U2、U3、U5、U6 和 U14 具有相对较高的土壤电导率值，其范围处于 104.9—149.3 μS/cm。根据各采样点不同的土壤类型来说，土壤电导率的降序排列为：建设用地（87.61 μS/cm）＞林地（76.09 μS/cm）＞农地（69.62 μS/cm），由表 2.5 中单因素方差分析结果（Sig. =0.160＞0.05），故不同的土地利用方式对先导区土壤电导率无显著影响。

先导区土壤砂粒含量呈北半部分低于南半部分；根据各采样点不同的土壤类型来说，土壤砂粒含量的降序排列为：建设用地（33.52%）＞林地（28.57%）＞农地（27.40%），根据表 2.5 中单因素方差分析结果（Sig. =0.207＞0.05）可知不同的土地利用方式对先导区土壤砂粒含量无显著影响。

先导区土壤粘粒含量大致呈中上部大于四周部分，最南部角也呈较高值；根据各采样点不同的土壤类型来说，土壤粘粒含量的降序排列为：林地（29.25%）＞建设用地（22.77%）＞农地（21.50%），由表 2.5 中单因素方差分析结果（Sig. =0.023＜0.05）可知不同的土地利用方式对先导区土壤粘粒含量影响显著，但是组内并没有显著的差异。

先导区土壤粉粒含量也呈现上半部分大于下半部分的趋势。根据各采样点不同的土壤类型来说，土壤粉粒的降序排列为：农地（51.06%）＞建设用地（45.63%）＞林地（42.19%），由表 2.5 中单因素方差分析结果（Sig. =0.002＜0.05）可知不同的土地利用方式对先导区土壤粉粒也有影响显著，但是组内并没有显著的差异。

土壤质地由土壤中砂粒、粘粒和粉粒含量共同组成，故为分析土壤质地与土地利用方式的关系，将土壤中的砂粒、粘粒和粉粒含量综合为土壤质地进行分析是必要的。土壤质地是可以反映土壤母质组成等特征的稳定特质，并且其对于土壤物质、元素的吸附、迁移和转化都有重要影响。根据检测得到先导区土壤样品中砂粒、粘粒和粉粒组成数据，而后根据美国农业部（U. S. Department of Agriculture，USDA）制定的土壤质地三角形，不同土地利用方式下的先导区土壤的质地包括有粉砂壤土（silt loam）、黏土（clay）、粉质黏土（silt clay）、粉质粘壤土（silty clay loam）、粘性壤土（clay loam）、砂质壤土（sandy loam）和壤土（loam），[45] 详见图 2.12。

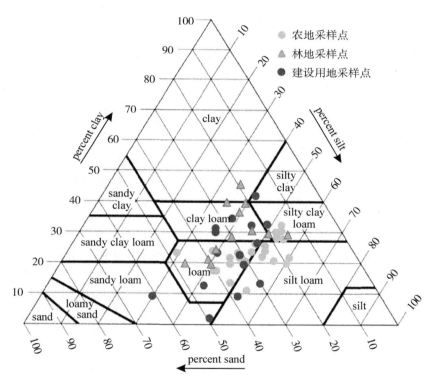

图 2.12　先导区三种土地利用方式下的土壤质地分类

根据美国农业部（U. S. Department of Agriculture）现行的土壤等级划分系统，粗砂、细砂、粉砂和黏土等效粒子直径分别属于 2 mm—0.2 mm、0.2 mm—0.05 mm、0.05 mm—0.002 mm 和<0.002 mm。由图 2.12 可

知，先导区林地的土壤质地主要为壤土，黏土和粘性壤土，其粘粒的含量较其他两类土地利用方式偏高；农地的土壤质地主要为壤土，粉砂壤土、粉质粘壤土，其粉粒的含量较其他两类土地利用方式偏高；此外，建设用地的土壤质地显然较林地和农地的变异性更高，其类型包括了砂质壤土，壤土，粉砂壤土，粘性壤土，粉质黏土，粉砂壤土和粉质粘壤土。

2.5.3 城镇土壤重金属与土壤理化性质间的相关关系

2.5.3.1 土壤重金属与其理化性质之间皮尔逊相关性分析

相关分析利用描述变量相关关系的统计量来确定两个变量的线性相关密切程度，常用的统计量有皮尔逊（Pearson）相关系数、斯皮尔曼（Spearman）系数、偏相关系数等。在环境科学研究领域，一般以相关分析为前提，初步量化解析变量之间的关系。[46] 利用 SPSS 软件对先导区土壤中 5 种重金属含量与土壤理化性质进行了皮尔逊相关性分析，结果见表 2.6。

表 2.6 先导区土壤重金属与土壤理化性质之间的皮尔逊相关系数

	Cu	Zn	Pb	Cd	Cr	pH	SOM	sand	clay	silt	EC	CEC
Cu	1	0.400 **	0.126	0.602 **	0.465 **	0.189	-0.061	-0.289 *	0.036	0.311 *	0.252	0.225
Zn		1	0.361 **	0.474 **	-0.104	0.048	0.249	-0.334 *	0.287 *	0.148	0.183	0.277 *
Pb			1	0.115	-0.109	-0.103	0.258	-0.054	0.049	-0.043	0.052	-0.106
Cd				1	0.165	0.087	0.067	-0.147	-0.010	0.265	0.304 *	0.237
Cr					1	0.116	-0.416 **	-0.110	0.126	0.068	0.077	0.062
pH						1	-0.288 *	0.182	-0.411 **	0.252	0.294 *	0.454 **
SOM							1	-0.043	-0.128	0.059	-0.054	-0.229
sand								1	-0.649 **	-0.581 **	0.150	0.150
clay									1	-0.192	-0.059	-0.171

续表

	Cu	Zn	Pb	Cd	Cr	pH	SOM	sand	clay	silt	EC	CEC
silt										1	−0.076	0.187
EC											1	0.426 **
CEC												1

*. 在 $P<0.05$ 下显著相关(双尾检验);**. 在 $P<0.01$ 下显著相关(双尾检验).

由表 2.6 可知,先导区土壤重金属 Cu 在显著性水平 0.01 下,与 Zn、Cd、Cr 呈显著正相关;在显著性水平 0.05 下 Cu 与砂粒含量呈显著负相关。Zn 在显著性水平 0.01 下,与 Cu、Pb、Cd 呈显著相关;在显著性水平 0.05 下与粘粒、阳离子交换量呈显著正相关,而与砂粒含量呈显著负相关。Pb 在显著性水平 0.01 下,仅与 Zn 呈显著正相关。Cd 在显著性水平 0.01 下,与 Cu、Zn 呈显著相关;在显著性水平 0.05 下与电导率呈显著正相关。Cr 在显著性水平 0.01 下,与 Cu 呈显著相关;在显著性水平 0.05 下与有机质呈显著负相关。

对于土壤理化性质来说,pH 在在显著性水平 0.01 下,与阳离子交换量呈显著正相关,这与 Miller 研究结论[43]相似;而与粘粒含量呈显著负相关;在显著性水平 0.05 下与电导率呈显著正相关,而与土壤有机质呈显著负相关。土壤有机质在在显著性水平 0.01 下,与 Cr 呈显著负相关;在显著性水平 0.05 下其与 pH 呈显著负相关。土壤的砂粒含量在显著性水平 0.01 下,与同为土壤质地性质的粘粒和粉粒含量呈显著负相关;在显著性水平 0.05 下与 Cu、Zn 呈显著负相关。土壤的粘粒含量在显著性水平 0.01 下,与 pH 和砂粒含量呈显著负相关;在显著性水平 0.05 下与 Zn 呈显著正相关。土壤的粉粒含量在显著性水平 0.01 下,与砂粒含量呈显著负相关;在显著性水平 0.05 下与 Cu 呈显著正相关。土壤的电导率在显著性水平 0.01 下,与阳离子交换量呈显著正相关;在显著性水平 0.05 下与 Cd、pH 呈显著正相关。CEC 在显著性水平 0.01 下,与 pH 和电导率呈显著正相关;在显著性水平 0.05

下与 Zn 呈显著负相关。

综上，对先导区表层土壤中 5 种重金属和对应的土壤理化性质来说，呈现显著正相关的因子对有 Cu-Zn、Cu-Cd、Cu-Cr、Cu-silt、Zn-Pb、Zn-Cd、Cd-EC、Zn-clay 和 Zn-CEC，呈现显著负相关的因子对有 Cu-sand、Zn-sand 和 Cr-SOM。如果因子间变化规律相似，说明在先导区土壤中这些因子的地球化学性质是相似的，并很可能有着共同的来源或产生了复合污染，因此可尝试利用采取相应的措施改善、改良土壤理化性质从而起到抑制土壤重金属累积的作用。

2.5.3.2　土壤质地差异对土壤重金属含量的影响

因土壤质地由土壤中砂粒、粘粒和粉粒的含量贡献来综合确定，故单独研究了不同土壤质地对重金属的含量的影响。为了降低由于极值而对整个参数集的影响，研究在绘制不同土壤理化性质中的重金属含量箱线图时，暂时将值超过"平均值±3 标准差"的重金属极值点掩膜化，见图 2.13。

由图 2.13 可知，5 种重金属在不同的土壤质地中的含量确实存在不同程度的差异。对于 Cu 来说，其含量在各土壤质地中含量差别不大，相对在粉质黏土（silty clay）和砂质壤土（sandy loam）中含量较高；Zn 含量在各土壤质地中含量差别也不大，相对在砂质壤土和黏土（clay）中含量较高；Pb 含量在各土壤质地中含量差别也不大，相对在砂质壤土、粘性壤土（clay loam）和黏土中含量较高；Cd 含量在各土壤质地中含量差别不大，相对在砂质壤土、粘性壤土和粉砂壤土（silt loam）中含量较高；Cr 含量在各土壤质地中含量差别也不大，相对在粉质黏土、粘性壤土和粉砂壤土中含量较高。

综上所述，可利用土壤质地差异与土壤重金属含量的相互关系，经由对土壤质地的改良而起到抑制土壤中重金属累积的作用，这也为城镇土壤优先控制区域的识别提供了科学参考。

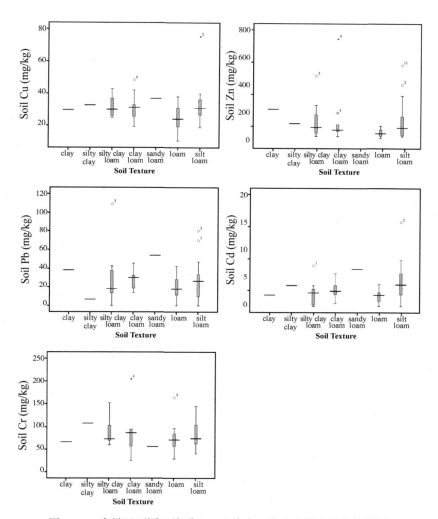

图 2.13 先导区不同土壤质地下土壤中 5 种重金属含量的箱线图

2.6 小结

（1）本章借助环境化学分析、3S 空间分析、多元统计分析等技术对城镇不同土地利用方式下土壤样品中的重金属（Cu、Zn、Pb、Cd、Cr）总量、形态和土壤理化性质的进行了检测分析，在所得数据的基础上研究了城镇土壤重金属的污染格局及其相关影响因素，这为进一步关于城镇土壤重金属的污染评价模型、健康风险评价模型的改进研究提供了现实依据，同时搜集到的相关基础资料和实地采样分析数据可初步构建起一个城镇土壤环境综合信息数据库，这些都可为城镇土壤环境重金属的污染风险高效管理提供科学支撑。

（2）由城镇土壤重金属含量的 IDW 空间插值分析可知，先导区土壤中 Cu 的含量呈从西南部到东北部的递增梯度分布，含量较高处位于东北部望城区中的星城镇和高塘岭镇，不同土地利用方式下 Cu 的平均含量排序为：建设用地>农地>林地；Pb 的含量分布没有明显的空间规律，其平均含量低于土壤环境质量标准二级值，相对高含量区域主要分布在先导区最北部、最南部和宁乡县县城处；Cd 的含量分布较为均匀，约 95% 区域内土壤 Cd 含量超出了土壤环境质量标准三级值，整个区域富集较为严重，相对高含量区域主要在东北部望城区星城镇附近，这与 Cu 的相对高含量分布相似，先导区不同土地利用方式下 Cd 的平均含量排序为：建设用地>农地>林地；Cr 的含量分布也呈从西南部到东部的递增梯度分布，不同于 Cu 的是其相对高含量区域主要在先导区中东部分属岳麓区范围，其平均含量低于土壤环境质量标准二级值，先导区不同城镇土地利用方式下 Cr 的平均含量排序与 Cu、Cd 一致。单因素方差分析表明，不同的土地利用方式对区域 Cr 含量的影响显著，建设用地土壤中 Cr 的含量显著区别与农地、林地土壤中 Cr 的含量；而对其他 4 种重金属含量的影响则不显著。

（3）基于 Tessier 连续提取法的土壤重金属形态分析可知，先导区土壤中的 Cu、Zn、Cd 和 Cr 均主要以残渣态为主，而 Pb 以残渣态和铁锰氧化态为主。先导区土壤 Cu 的化学形态总体分布趋势为：残渣态>有机络合态>铁锰氧化态>碳酸盐结合态>可交换态，且林地土壤中的 Cu 具有相对较高的迁移性；Zn 和 Pb 的化学形态总体分布趋势为：残渣态

>铁锰氧化态>有机络合态>可交换态>碳酸盐结合态，较高迁移性的 Zn 主要与林地、农地相关，而林地和建设用地土壤中 Pb 具有较高的迁移性；Cd 的化学形态总体分布趋势为：残渣态>碳酸盐结合态>可交换态>铁锰氧化态>有机络合态，整体分布较其他重金属比较特殊，高迁移性的 Cd 与建设用地、农地和林地都有密切相关，其中与林地最相关；先导区 Cr 的化学形态总体分布趋势为：残渣态>有机络合态>铁锰氧化态>可交换态>碳酸盐结合态，较高迁移性的 Cr 主要与林地、农地相关。综上，先导区的林地中的重金属迁移性相对较高。

（4）基于土壤理化性质的实验分析和单因素方差分析下的城镇不同土地利用方式下土壤理化性质的影响分析可知，先导区土壤属于酸性土壤，不同的土地利用方式下 pH 值的大小排列为：林地<农地<建设用地，且不同土地利用方式对区域 pH 含量的影响显著，林地 pH 显著区别于农地与建设用地 pH，林地土壤的酸性较强，这很可能是研究中 5 种重金属在林地土壤中迁移性较高的关键原因；土壤 CEC 的平均值为 13.44 cmol/kg，基本呈相对均匀的分布，在宁乡县和坪塘镇处相对偏高，属于强空间变异度，总体来看主要在建设用地方式下阳离子交换量较高，这也一定程度上解释了在建设用地方式下土壤重金属的迁移性较低；SOM 的平均值为 2.24%，略高于我国背景的 SOM 值 2%，SOM 基本呈由东向北西方向逐渐增高的趋势，属于中等空间变异度，且不同土地利用方式对区域 SOM 影响显著，建设用地 SOM 显著低于农地与林地 SOM；EC 的平均值为 76.30 μS/cm，率呈现东和西两侧相对较高，其分布与先导区的建设用地分布特征相似，土壤 EC 的降序排列为：建设用地>林地>农地。

（5）根据先导区不同土壤质地下土壤中 5 种重金属含量的箱线图得到，Cu、Zn、Pb、Cd 和 Cr 含量在各土壤质地中含量差异都不算特别显著，而 Cu、Zn、Pb、Cd 和 Cr 含量相对较高的土地质地类型分别为（粉质黏土和砂质壤土）、（砂质壤土和黏土）、（砂质壤土、粘性壤土和黏土）、（砂质壤土、粘性壤土和粉砂壤土）和（粉质黏土、粘性壤土和粉砂壤土）。根据先导区土壤中重金属与土壤理化性质之间皮尔逊相关性分析得到，对先导区表层土壤中 5 种重金属和对应的土壤理化性质来说，呈现显著正相关的因子对有 Cu-Zn、Cu-Cd、Cu-Cr、Cu-Silt、Zn-Pb、Zn-Cd、Cd-EC、Zn-clay 和 Zn-CEC，呈现显著负相关的因子对有 Cu-sand、Zn-sand 和 Cr-SOM。故可利用土壤质地差异与土壤各重金属间的相互关系，经由对土壤质地的改良而起到间接抑制土壤中重金属累积的作用。

参 考 文 献

[1] 杨忠平，卢文喜，李俊，等．城市生态地球化学研究进展．环境科学与技术，2009，32（2）：65-71.

[2] 李晓东，袁兴中，苏小康，等．生态、生产、生活空间：发展战略规划环境影响评价——以长沙大河西先导区为例．长沙：湖南大学出版社，2014.

[3] 张双武．基于竞争力提升的城区创新建设与评价研究：[中南大学博士学位论文]．长沙：中南大学商学院，2010，79-80.

[4] 陈彬．空间战略环评的若干关键技术研究——以长沙大河西先导区为例：[湖南大学硕士学位论文]．长沙：湖南大学环境科学与工程学院，2012，18-32.

[5] Li F, Huang J, Zeng G, et al. Spatial distributions and health risk assessment of heavy metals associated with receptor population density in street dust: a case study of Xiandao District, Middle China. Environmental Science and Pollution Research, 2015, 22 (9): 6732-6742.

[6] 秦鹏，阮丽，包跃跃，等．城市土壤重金属污染来源研究．环境科学与管理，2014，39（12）：38-41.

[7] 杨忠平．长春市城市重金属的生态地球化学特征及其来源解析：

［吉林大学博士学位论文］. 吉林：吉林大学环境与资源学院，2008.

［8］Zhao H，Xia B，Fan C，et al. Human health risk from soil heavy metal contamination under different land uses near Daobaoshan Mine，Southern China. Science of the Total Environment，2012，417-418：45-54.

［9］Xia X，Chen X，Liu R，et al. Heavy metals in urban soils with various types of land use in Beijing，China. Journal of Hazardous Materials，2011，186(2-3)：2043-2050.

［10］李晓燕，陈同斌，雷梅，等. 不同土地利用方式下北京城区土壤的重金属累积特征. 环境科学学报，2010，30(11)：2285-2293.

［11］蔡青. 基于景观生态学的城市空间格局演变规律分析与生态安全格局构建：［湖南大学博士学位论文］. 长沙：湖南大学环境科学与工程学院，2012，10-52.

［12］陈怀满. 环境土壤学. 北京：科学出版社，2010.

［13］吴启堂. 环境土壤学. 北京：中国农业出版社，2011.

［14］张彦雄，李丹张，佐玉，等. 两种土壤阳离子交换量测定方法的比较. 贵州林业科技，2010，38(2)：45-49.

［15］奚旦立，孙裕生，刘秀英，等. 环境监测(第三版). 北京：高等教育出版社，2004.

［16］Tessier A，Campbell PGC，Bisson M. Sequential extraction procedure for the speciation of particulate trace metals. Analytical Chemistry，1979，51(7)：844-851.

［17］Shao M，Zhang T，Fang HHP. Autotrophic denitrification and its effect on metal speciation during marine sediment remediation. Water Research，2009，43(12)：2961-2968.

［18］张利田，卜庆杰，杨桂华，等. 环境科学领域学术论文中常用数理统计方法的正确使用问题. 环境学科学报，2007，27(1)：171-173.

［19］中国环境监测总站. 中国土壤元素背景值. 北京：中国环境科学出

版社，1990.

[20]潘佑民，杨国治. 湖南土壤背景值及研究方法. 北京：中国环境科学出版社，1988.

[21]Zheng Y, Chen T, He J. Multivariate geostatistical analysis of heavy metals in topsoils from Beijing, China. Journal of Soils and Sediments, 2008, 8(1): 51-58.

[22]Shi G, Chen Z, Xu S, et al. Potentially toxic metal contamination of urban soils and roadside dust in Shanghai, China. Environmental Pollution, 2008, 156(2): 251-260.

[23]Yang Z, Lu W, Long Y, et al. Assessment of heavy metals contamination in urban topsoil from Changchun City, China. Journal of Geochemical Exploration, 2011, 108(1): 27-38.

[24]Lu Y, Zhu F, Chen J, et al. Chemical fractionation of heavy metals in urban soils of Guangzhou, China. Environmental Monitoring and Assessment, 2007, 134: 429-439.

[25]Li X, Liu L, Wang Y, et al. Heavy metal contamination of urban soil in an old industrial city (Shenyang) in Northeast China. Geoderma, 2013, 192: 50-58.

[26]崔邢涛，栾文楼，郭海全，等. 石家庄城市土壤重金属污染及潜在生态危害评价. 现代地质，2011，25(1): 169-175.

[27]古德宁，李立平，邢维芹，等. 郑州市城市土壤重金属分布和土壤质量评价. 土壤通报，2009，40(4): 921-925.

[28]谭灵芝，朱怀松，王国友. 乌鲁木齐地区土壤重金属污染空间分布及污染与预警研究. 环境科学学报，2012，32(10): 2509-2523.

[29]Rodríguez-Salazar MT, Morton-Bermea O, Hernández-Álvarez E, et al. The study of metal contamination in urban topsoils of Mexico City using GIS. Environmental Earth Sciences, 2011, 62(5): 899-905.

[30]Kheir RB, Shomar B, Greve MB, et al. On the quantitative

relationships between environmental parameters and heavy metals pollution in Mediterranean soils using GIS regression-trees：The case study of Lebanon. Journal of Geochemical Exploration，2014，147：250-259.

[31] Mirzaei R，Ghorbani H，Moghaddas NH，et al. Ecological risk of heavy metal hotspots in topsoils in the Province of Golestan，Iran. Journal of Geochemical Exploration，2014，147：268-276.

[32] Imperato M，Adamo P，Naimo D，et al. Spatial distribution of heavy metals in urban soils of Naples city (Italy). Environmental Pollution，2003，124(2)：247-256.

[33] Salonen VP，Korkka-Niemi K. Influence of parent sediments on the concentration of heavy metals in urban and suburban soils in Turku，Finland. Applied Geochemistry，2007，22(5)：906-918.

[34] Rodrigues SM，Cruz N，Coelho C. Risk assessment for Cd，Cu，Pb and Zn in urban soils：Chemical availability as the central concept. Environmental Pollution，2013，183：234-242.

[35] Lin YP，Cheng BY，Shyu GS，et al. Combining a finite mixture distribution model with indicator kriging to delineate and map the spatial patterns of soil heavy metal pollution in Chunghua County，central Taiwan. Environmental Pollution，2010，158(1)：235-244.

[36] 汤国安，杨昕. 地理信息系统空间分析实验教程. 北京：科学出版社，2006

[37] Li F，Huang J，Zeng G，et al. Spatial risk assessment and sources identification of heavy metals in surface sediments from the Dongting Lake，Middle China. Journal of Geochemical Exploration，2013，132，75-83.

[38] 徐建华. 计量地理学. 北京：高等教育出版社，2006.

[39] 章立佳. 上海城市土壤重金属空间变异结构和分布特征：[上海师

范大学硕士学位论文]. 上海：上海师范大学旅游学院，2011，12-16.

[40] Mathern G. Principles of geostatistics. Economic Geology，1963，58：1246-1266.

[41] 关天霞，何红波，张旭东，等. 土壤中重金属元素形态分析方法及形态分布的影响因素，土壤通报，2011，42(2)：503-509.

[42] 严明书，李武斌，杨乐超，等. 重庆渝北地区土壤重金属形态特征及其有效性评价. 环境科学研究，2014，27(1)：64-70.

[43] Miller JE，Hassett JJ，Koeppe DE. The effect of soil properties and extractable lead levels on lead uptake by soybean. Communications in Soil Science and Plant Analysis，1975，6(4)：339-347.

[44] 吴月茹，王维真，王海兵，等. 采用新电导率指标分析土壤盐分变化规律. 土壤学报，2011，48(4)：869-873.

[45] Li F，Huang J，Zeng G，et al. Toxic metals in topsoil under different land uses from Xiandao District，middle China：Distribution，relationship with soil characteristics and health risk assessment. Environmental Science and Pollution Research，2015，22：12261-12275.

[46] 杨晓华，刘瑞民，曾勇. 环境统计分析. 北京：北京师范大学出版社，2008.

第3章　城镇土壤环境重金属污染的初步风险识别

　　城镇土壤环境质量评价是初步识别城镇土壤中污染物污染程度和制定进一步污染防控策略的重要参考，在本研究中其主要作用将是作为健康风险评价前的初步风险识别步骤。在良好不确定性控制下的初步风险识别可以有效地明确后续城镇土壤重金属健康风险评价的评价重点，为高效的风险管理体系提供科学支撑。

　　目前，国内外针对重金属的土壤环境质量评价方法已经有很多，[1-2]其中主要包括：单因子指数评价法、内梅罗综合污染指数法、地累积指数法、[3]潜在生态危害指数法[4]和叠加污染综合指数法等。这些方法可初步判别土壤环境质量受重金属污染的程度，但因土壤环境系统受自然变化和人类活动的双重影响，呈现出随机性、模糊性的特征，故基于上述方法的评价理论与实践中仍存在一些不足，[5-6]需要进一步完善，主要表现在：(1)仅考虑到土壤中重金属的超标和富集情况，未考虑不同重金属之间的生物毒性差异，这可能掩盖一些含量较低但生物毒性较高的重金属污染作用；(2)忽略了不同土壤样品中同一重金属化学形态组成的差异，这可能掩盖有些浓度低但主要以高生物毒活性形态存在的重金属污染或者高估那些浓度高但主要以低生物毒活性形态存在的重金属污染；(3)土壤中重金属含量的空间差异性和污染程度分级标准的单一确定性，造成了评价区域重金属含量数据、评价结果及对应评价标准之间均存在较大模糊性，导致确定性评价结果不能准确地反映土壤中重金属的实际污染程度；(4)不同学者或决策者采用的土壤重金属地球化学背景值等参数的差异造成评价结果缺乏可比性。以上四点均可能误导决策。近年，灰色理论、随机理论、模糊数学和盲数理论等方法逐渐被引入不同环境介质中重金属的污染评价中，这些改进评价方法对上述不足中的第(3)、(4)点达到了良好的量化控制效果，其中模糊数学方法通过隶属度函数描述土壤重金属污染状况的渐变性和模糊性，对于数据资料少或数据精度不高情况具有良好的适用性，并已有学者尝试用三角模糊数或梯形模糊数来解决上述部分类似问题，并将其成功地应用于水环境风险评价[7-8]和土壤、河流沉积物重金属污染评价中。[9-10]但通过对这些改进评价方法的综合分析可知，多数改进后的重金属污染模糊评价方法虽然在评价过程中达到了较好的参数不确定性控制，但复杂的运算公式使改进方法的可操作性大为降低，运算时间大为增加，这将会大大降低评价方法的可操作性和可推广性。

　　针对上述的种种不足，研究首先分别定义了土壤中不同重金属的生物毒性权重系数和重金属不同化学形态的生物毒活性权重系数，以此构建了重金属生物毒性双权重评价体系，而后将其嵌入地累积指数评价法框架中，并进一步分别对土壤重金属的地球化学背景值和重金属生物毒性双权重值进行三角模糊化，而后利用 Monte-Carlo 抽样法进行随机模拟，最后建立了基于重金属生物毒性双权重的城镇土壤重金属污染的随机模糊评价模型。采用所建模型评价了长沙市先导区的土壤重金属污染现状，而后借助 ArcGIS 中的反向加权指数插值法（IDW）对所建模型的评价结果数据集进行空间可视化表征，并最后进行初步风险识别。同时，将其评价结果与现国内外常用土壤重金属污染评价模型的评价结果进行对比分析，以验证所建模型的可行性和可适性，以期为土壤重金属的污染评价提供新的思路，为健康风险评价与管理中的高效风险识别提供新的方法。最后，针对改进方法运算复杂度的提高而显著降低其可操作性和可推广性的问题，尝试利用计算机语言将其软件自动化，这将为所建模型的推广使用奠定重要基础。

3.1 基于生物毒性双权重的土壤重金属污染的随机模糊评价模型

3.1.1 地累积指数评价法

地累积指数评价法的详细介绍见本书 1.3 节。

3.1.2 随机模糊理论

3.1.2.1 三角模糊数

三角模糊数的定义为：[11]设在实数域 R 上的一个模糊数 $\tilde{A}$，定义一个隶属函数：$\mu_{\tilde{A}}(x)$：$\longrightarrow [0, 1]$，$x \in R$，若隶属函数 $\mu_{\tilde{A}}(x)$ 表示为：

$$\mu_{\tilde{A}}(x) = \begin{cases} 0 & x < a \\ \dfrac{x-a}{b-a} & a \leqslant x \leqslant b \\ \dfrac{c-x}{c-b} & b \leqslant x \leqslant c \\ 0 & x > c \end{cases} \tag{3.1}$$

则称 $\tilde{A}$ 为三角模糊数，记作 $\tilde{A} = (a, b, c)$。其中，$a \leqslant b \leqslant c$；当 $a = b = c$ 时，$\tilde{A}$ 为一个精确实数，三角模糊数分布见图 3.1。实际计算中，通常利用 α-截集技术来简化计算。α-截集定义为：[12]设 $\tilde{A}$ 是论域 U 上的模糊集，对 $\alpha \in [0, 1]$，称普通集合 $\tilde{A}_\alpha = \{x \mid \mu_{\tilde{A}}(x) \geqslant \alpha\}$ 为模糊集 $\tilde{A}$ 的

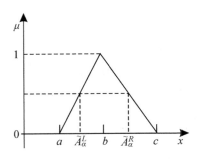

图 3.1　三角模糊数的 α-截集

α-截集，如图 3.1 所示；当 $\widetilde{A}_\alpha = \{ \mid x \mid \mu_{\widetilde{A}}(x) > \alpha \}$ 时，称为 $\widetilde{A}$ 的 α 强截集，α 称为置信水平。α = 0.9 是易被人们接受的可信度水平，[8] 故本研究中所有 α-截集处理过程中均取 α = 0.9。

　　如有三角模糊数 $\widetilde{A} = (a, b, c)$，取置信水平 $\alpha \in [0, 1]$，可以得置信水平区间：[13]

$$\widetilde{A}_\alpha = [A_\alpha{}^L, A_\alpha{}^R] = [(b-a)\alpha + a, -(c-b)\alpha + c] \tag{3.2}$$

　　对于实数域 R 上的模糊集 $\widetilde{A}$，α-截集 $\widetilde{A}_a$ 即为实数区间数 $[A_\alpha{}^L, A_\alpha{}^R]$ 满足如下运算法则：[14]

$$\widetilde{A}_{\alpha1} \oplus \widetilde{A}_{\alpha2} = [A_{\alpha1}{}^L + A_{\alpha2}{}^L, A_{\alpha1}{}^R + A_{\alpha2}{}^R] \tag{3.3}$$

$$\widetilde{A}_{\alpha1} \otimes \widetilde{A}_{\alpha2} = [A_{\alpha1}{}^L \times A_{\alpha2}{}^L, A_{\alpha1}{}^R \times A_{\alpha2}{}^R] \tag{3.4}$$

$$\widetilde{A}_{\alpha1} \div \widetilde{A}_{\alpha2} = [A_{\alpha1}{}^L \times 1/A_{\alpha2}{}^R, A_{\alpha1}{}^R \times 1/A_{\alpha2}{}^L] \tag{3.5}$$

$$k \cdot \widetilde{A}_\alpha = [k \cdot A_\alpha{}^L, k \cdot A_\alpha{}^R] \tag{3.6}$$

　　对于模型参数而言，存在最小值、最概然值和最大值，由此可构造参数的三角模糊数 (a_1, a_2, a_3)，这里 a_1, a_2, a_3 是实数，且 $a_1 \leqslant a_2 \leqslant a_3$。根据数理学原理和数值上下线分析原理，[15] 正态或近似正态分布的数列，有 95%以上的数据落入平均值±2 倍标准差之间，故参数取值方法为：a_1 值在比较数据的最小值和均值减去 2 倍的标准差后取较大值；a_2 值取数据的统计期望值，统计期望值是反映随机变量总体大小特征的统计量，常作为描述随机变量总体大小特征的统计量，常见的有算术平均值、几何平均值和中位数等，而最终的选取需取决于随机变量的分布特征；[16] a_3 值在比较数据的最大值和均值加上 2 倍标准差后取较小值。此取值方法使计算更精确。

3.1.2.2 三角模糊数的随机模拟

据式(3.1)可知，用隶属函数除以曲线与 x 轴围城的面积 $(a_3-a_1)/2$，即可得到 $\widetilde{A}$ 的可能性概率密度函数：

$$f_{\widehat{A}}(x) = \begin{cases} 2(x-a_1)/(a_2-a_1)(a_3-a_1), & a_1 \leqslant x \leqslant a_2 \\ 2(a_3-x)/(a_3-a_2)(a_3-a_1), & a_2 \leqslant x \leqslant a_3 \\ 0, & x<a_1 \text{ 或 } x>a_3 \end{cases} \quad (3.7)$$

将式(3.7)转换为概率分布函数，再用逆变换法，[17] 得到可能值 x 的随机模拟公式：

$$x = C_i = \begin{cases} a_1+\sqrt{[u(a_2-a_1)(a_3-a_1)]}, & u \leqslant (a_2-a_1)/(a_3-a_1) \\ a_3-\sqrt{[(1-u)(a_3-a_2)(a_3-a_1)]}, & u>(a_2-a_1)/(a_3-a_1) \end{cases}$$

$$(3.8)$$

式中，u 为区间[0，1]上的均匀分布随机数。可能值 x 的随机模拟过程：先通过计算机程序产生区间[0，1]上的一系列均匀分布随机数 u_1，u_2，…，u_m，然后代入式(3.8)中，即可得到变量 x 的随机模拟系列 x_1，x_2，…，x_m。通过模拟可以把三角模糊数与其函数之间的模糊运算转化为普通实数间的运算，进而可以由模拟结果得到各可能值区间及其相应分布概率。其中，m 为随机模拟的试验次数。

3.1.2.3　Monte-Carlo 模拟

Monte-Carlo 模拟是由 Nicholas Metropolis 在第二次世界大战期间提出的，而后 Von Neumann 与 Stanislaw Ulam 合作建立了概率密度函数、反累积分布函数的数学基础，以及伪随机数产生器，现此方法在金融工程学，宏观经济学，生物医学，计算物理学等领域已得到应用广泛，效果良好。土壤环境评价系统是一个集随机性、灰性、模糊性等多种不确定性于一体的系统，因此，常规的确定性评价方法不能准确反映土壤中重金属污染程度的真实情况，为了降低模型参数由于土壤重金属数据空间变异性、不同学者或决策者采用的地球化学背景值参数的差异性和不同土地利用类型的土壤重金属背景值的差异性等因素带来的参数不确定性，本研究将 Monte-Carlo 模拟引入评价过程，其主要模拟步骤一般为：(1)确定评价模型随机变量；(2)构建随机因素的概率分布模型；(3)将所得到的随机数转化为输入参数的抽样值，主要方法为 Monte-Carlo 抽样和拉丁超立方抽样(LHS)；(4)整理分析所得模拟评价结果。

3.1.3　重金属生物毒性双权重的构建

重金属生物毒性双权重(Ω)是由对重金属自身的生物毒性量化表征的权重系数和重金属不同化学形态的生物毒活性量化表征的权重系数构成的。

3.1.3.1　重金属自身的生物毒性权重系数

取 Hakanson 制定的标准化重金属毒性系数为重金属自身的生物毒性权重系数(μ_i)，μ_i 基于重金属的地球化学丰度而制定，[4]可以很好地表征不同重金属的生物毒性差异，并已广泛用于实际污染危害评价中。[18-19]参考陈静生等研究结论,[20-21]分别定义各重金属自身的生物毒性权重系数为:$\mu_{Cd}=30$,$\mu_{Pb}=\mu_{Cu}=5$,$\mu_{Cr}=2$,$\mu_{Zn}=1$。

3.1.3.2 重金属不同化学形态的生物毒活性权重系数

近年来,国内外众多学者认识到重金属的生物毒性不仅与其总量有关,更大程度上取决于它们的化学形态,仅仅依据重金属总金属总量常常难以表征其重金属在土壤中的化学活性、再迁移性及生物可利用性。[22-23]目前,经典的重金属形态分析方法是 Tessier 等提出的,按此方法可将土壤重金属分为 5 种化学赋存形态:可交换态、碳酸盐结合态、铁-锰氧化物结合态、有机络合态和残渣态。[24]其中,可交换态是指被土壤胶体表面非专性吸附且可被中性盐取代,易于迁移转化,同时也是易于被植物根部"摄入"的重金属部分;[25]碳酸盐结合态指以沉淀的形式存在于碳酸盐中的重金属部分,并且 pH 对此形态稳定性有关键性影响,在酸性条件下易于释放;铁锰氧化结合态是指吸附于土壤中氧化铁锰或粘粒矿物的专性交换位置的重金属部分,其不能被中性盐溶液所交换,只能被亲和力相似或更强的金属离子置换,当氧化还原电位降低时容易释放出来;有机络合态是指通过化学键形式被土壤有机质专性吸附的重金属部分,在有机质分解时会释放;残渣态是结合在土壤硅铝酸盐矿物晶格中的重金属部分,其在一般情况下很难释放且也难以被植物吸收。[26-27]综上,重金属各形态中可交换态重金属的生物毒活性风险性最大,其他依次为碳酸盐结合态>铁-锰氧化物结合态>有机络合态>残渣态,[28-29]结合专家咨询法将重金属 5 种不同形态的潜在生物毒活性分别以 5 个级别的生物毒活性权重系数(Q_k)对应表示,并将其三角模糊化

为:$\widetilde{Q}_{残渣态}=(0,1,2)$,$\widetilde{Q}_{有机络合}=(1,2,3)$,$\widetilde{Q}_{铁锰氧化}=(2,3,4)$,

$\widetilde{Q}_{碳酸盐结合}=(3,4,5)$,$\widetilde{Q}_{可交换}=(4,5,6)$。

3.1.4 基于生物毒性双权重的随机模糊评价模型的架构

由于重金属的地球化学背景值选择差异会带来一定的不确定性，将其表示为三角模糊数 $\overline{B}_i = (B_1, B_2, B_3)$，然后再进行随机模拟，根据式(1.3)，可得到基于随机模糊的土壤重金属污染评价方法：

$$\widetilde{\Omega}_i = \left[\sum_{k=1}^{n} (\widetilde{Q}_i^k \times W_i^k) \right] \times \mu_i \qquad (3.9)$$

$$I_i^m = \log_2 \left[\widetilde{\Omega}_i^m \times \left(\frac{C_i^m}{\overline{kB_i^m} \cdot F} \right) \right] \qquad (3.10)$$

式中，$\widetilde{\Omega}$ 是重金属 i 的生物毒性双权重模糊值；$\widetilde{Q}_i^k$ 是重金属 i 的 k 形态的生物毒活性权重系数；W_i^k 是重金属 i 中 k 形态的含量对总含量百分贡献率；μ_i 是土壤中重金属 i 自身的生物毒性权重系数；I_i^m 是重金属 i 的随机模糊污染评价 m 次模拟得到的数据集；C_i 是重金属 i 的实测含量值，mg/kg；F 是预留可选参数，如关心受体耐受级(表征不同人群对某重金属的耐受程度，可划分为成年人、青少年和幼儿三种人群，级别值依次降低，本研究中暂设 $F=1$)。m 为随机模拟的试验次数。随机模拟可将所得到的随机数转化为输入参数的抽样值，抽样方法为 Monte-Carlo 抽样。

在基于随机模糊的评价方法可信度分析中，根据地累积指数各级分级限值(表1.2)，分别为 0、1、2、3、4 和 5，推导出经随机模拟得出的各种重金属的地累积指数实验值隶属于各级污染的可信度 P：

$$P_1 = 1 - P\{I_i^m - 0 > 0\} \qquad (3.11)$$

$$P_2 = P\{I_i^m - 0 \geqslant 0\} - P\{I_i^m - 1 > 0\} \qquad (3.12)$$

$$P_3 = P\{I_i^m - 1 \geqslant 0\} - P\{I_i^m - 2 > 0\} \qquad (3.13)$$

$$P_4 = P\{I_i^m - 2 \geqslant 0\} - P\{I_i^m - 3 > 0\} \qquad (3.14)$$

$$P_5 = P\{I_i^m - 3 \geqslant 0\} - P\{I_i^m - 4 > 0\} \qquad (3.15)$$

$$P_6 = P\{I_i^m - 4 \geqslant 0\} - P\{I_i^m - 5 > 0\} \qquad (3.16)$$

$$P_7 = P\{I_i^m - 5 \geqslant 0\} \qquad (3.17)$$

根据式(3.11)—(3.17)得出各重金属隶属于的污染程度等级及对应的概率可信度。同时，结合式(1.3)，可得到每种重金属的综合污染指数：

$$R_i' = \sum_{j=1}^{7} P_j \times V_j \qquad (3.18)$$

式中，R' 是基于生物毒性双权重的城镇土壤重金属污染的随机模糊评价模型的重金属 i 的综合污染指数值；V_j 为各个污染程度的赋值，将 V_j 进行归一化处理，即 0 级 = 0，1 级 = 0.0476，2 级 = 0.0952，3 级 = 0.1429，4 级 = 0.1905，5 级 = 0.2381 和 6 级 = 0.2857。

3.2　基于所建随机模糊评价模型的初步风险识别流程

根据前章节的研究结果和文献经验，研究以所建随机模糊评价模型为核心模块拟定了下述初步风险识别流程的解决方案，见图 3.2。以先导区土壤环境重金属的污染格局研究为基础(第二章)，根据所建的基于重金属生物毒性双权重的城镇土壤重金属污染的随机模糊评价模型对先导区土壤重金属污染进行了评价与分析，并通过和经典的土壤环境质量评价方法评价结果的对比分析以验证其可行性，详细分析见下述章节。

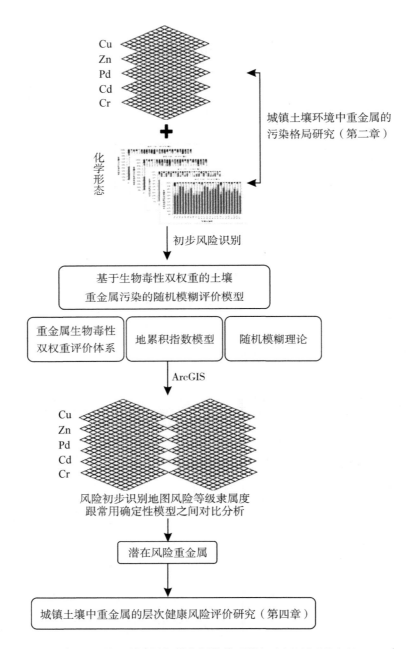

图 3.2　基于所建随机模糊评价模型的初步风险识别流程

3.3 实例城镇研究

3.3.1 模型参数的获得与选择

3.3.1.1 模型参数的获得与选择

（1）重金属实测量。先导区土壤中 5 种总金属（Cu，Zn，Pb，Cd、Cr）的总量数据（C_i）源于第 2 章中的实地采样分析，先导区的重金属浓度分布见图 2.6。

（2）地球化学背景值的三角模糊化。B_i 为地球化学背景值，由于不同的地球化学背景值选择可能会造成得出的重金属污染信息存在（显著）差异，以及各种重金属存在时空分布的不均匀性，即对各种重金属的背景值赋予 ±10% 的变化幅度。[30] 本研究选取《湖南省土壤环境背景值》，[31] 并将先导区相关采样点下的地球化学背景可能值进行三角模糊化，见表 3.1。

表 3.1　经模糊化的先导区土壤重金属的地球化学背景值　　（mg/kg）

重金属	模糊化的背景值
Cd	(0.063, 0.07, 0.077)
Cr	(61.2, 68, 74.8)
Zn	(86.4, 96, 105.6)
Cu	(22.5, 25, 27.5)
Pb	(27, 30, 33)

（3）土壤重金属的生物毒性双权重模糊值（$\widetilde{\Omega}$）。根据先导区土壤重

金属形态的分析结果(图 2.7—2.9),代入公式(3.9),可以得到 5 种重
金属在各采样点的生物毒性双权重模糊值,详见表 3.2—表 3.6。

表 3.2　　　　土壤重金属 Cu 的生物毒性双权重评价模糊值

样点	$\widetilde{\Omega}$ 值	样点	$\widetilde{\Omega}$ 值	样点	$\widetilde{\Omega}$ 值
F1	(3.36,8.36,13.26)	F19	(2.54,7.54,12.54)	W12	(1.27,6.27,11.27)
F2	(3.85,8.85,13.85)	F20	(1.14,6.14,11.14)	U1	(0.82,5.82,10.82)
F3	(2.87,7.87,12.87)	F21	(2.52,7.52,12.52)	U2	(1.33,6.33,11.33)
F4	(1.70,6.70,11.70)	F22	(2.09,7.09,12.09)	U3	(2.04,7.04,12.04)
F5	(3.47,8.47,13.47)	F23	(2.34,7.34,12.34)	U4	(2.51,7.51,12.51)
F6	(3.77,8.77,13.77)	F24	(3.52,8.52,13.52)	U5	(3.37,8.37,13.37)
F7	(2.45,7.45,12.45)	F25	(2.81,7.81,12.81)	U6	(1.52,6.52,11.52)
F8	(2.55,7.55,12.55)	W1	(0.78,5.78,10.78)	U7	(0.63,5.63,10.63)
F9	(2.55,7.55,12.55)	W2	(2.38,7.38,12.38)	U8	(0.87,5.87,10.87)
F10	(3.35,8.35,13.35)	W3	(2.13,7.13,12.13)	U9	(0.58,5.58,10.58)
F11	(1.13,6.13,11.13)	W4	(1.69,6.69,11.69)	U10	(1.21,6.21,11.21)
F12	(3.16,8.16,13.16)	W5	(2.50,7.50,12.50)	U11	(1.04,6.04,11.04)
F13	(2.92,7.92,12.92)	W6	(0.45,5.45,10.45)	U12	(0.77,5.77,10.77)
F14	(3.70,8.70,13.70)	W7	(1.94,6.94,11.94)	U13	(0.74,5.74,10.74)
F15	(1.77,6.77,11.77)	W8	(1.23,6.23,11.23)	U14	(2.85,7.85,12.85)
F16	(1.30,6.30,11.30)	W9	(0.57,5.57,10.57)	U15	(1.05,6.05,11.05)
F17	(1.77,6.77,11.77)	W10	(2.36,7.36,12.36)		
F18	(2.48,7.48,12.48)	W11	(1.67,6.67,11.67)		

表 3.3   土壤重金属 Zn 的生物毒性双权重评价模糊值

样点	$\widetilde{\Omega}$ 值	样点	$\widetilde{\Omega}$ 值	样点	$\widetilde{\Omega}$ 值
F1	(0.96,1.96,2.96)	F19	(0.34,1.34,2.34)	W12	(0.28,1.28,2.28)
F2	(0.77,1.77,2.77)	F20	(0.55,1.55,2.55)	U1	(0.16,1.16,2.16)
F3	(0.26,1.26,2.26)	F21	(0.51,1.51,2.51)	U2	(0.70,1.70,2.70)
F4	(0.29,1.29,2.29)	F22	(0.70,1.70,2.70)	U3	(0.70,1.70,2.70)
F5	(0.64,1.64,2.64	F23	(0.40,1.40,2.40)	U4	(0.29,1.29,2.29)
F6	(0.59,1.59,2.59)	F24	(0.55,1.55,2.55)	U5	(0.16,1.16,2.16)
F7	(0.38,1.38,2.38)	F25	(0.80,1.80,2.80)	U6	(0.16,1.16,2.16)
F8	(0.83,1.83,2.83)	W1	(0.70,1.70,2.70)	U7	(0.51,1.51,2.51)
F9	(0.65,1.65,2.65)	W2	(0.10,1.10,2.10)	U8	(0.10,1.10,2.10)
F10	(0.74,1.74,2.74)	W3	(0.41,1.41,2.41)	U9	(0.53,1.53,2.53)
F11	(0.68,1.68,2.68)	W4	(0.11,1.11,2.11)	U10	(0.12,1.12,2.12)
F12	(0.23,1.23,2.23)	W5	(0.75,1.75,2.75)	U11	(0.26,1.26,2.26)
F13	(0.31,1.31,2.31)	W6	(0.07,1.07,2.07)	U12	(0.24,1.24,2.24)
F14	(0.52,1.52,2.52)	W7	(0.43,1.43,2.43)	U13	(0.12,1.12,2.12)
F15	(0.39,1.39,2.39)	W8	(0.49,1.49,2.49)	U14	(1.29,2.29,3.29)
F16	(0.35,1.35,2.35)	W9	(0.07,1.07,2.07)	U15	(0.21,1.21,2.21)
F17	(0.13,1.13,2.13)	W10	(0.31,1.31,2.31)		
F18	(0.86,1.86,2.86)	W11	(0.89,1.89,2.89)		

表3.4　　　土壤重金属 Pb 的生物毒性双权重评价模糊值

样点	$\widetilde{\Omega}$ 值	样点	$\widetilde{\Omega}$ 值	样点	$\widetilde{\Omega}$ 值
F1	(7.14,12.14,17.14)	F19	(5.76,10.76,15.76)	W12	(6.27,11.27,16.27)
F2	(4.34,9.34,14.34)	F20	(6.88,11.88,16.88)	U1	(2.43,7.43,12.43)
F3	(2.75,7.75,12.75)	F21	(6.94,11.94,16.94)	U2	(6.37,11.37,16.37)
F4	(2.77,7.77,12.77)	F22	(7.69,12.69,17.69)	U3	(5.91,10.91,15.91)
F5	(3.81,8.81,13.81)	F23	(6.77,11.77,16.77)	U4	(9.31,14.31,19.31)
F6	(6.33,11.33,16.33)	F24	(7.49,12.49,17.49)	U5	(1.93,6.93,11.93)
F7	(4.50,9.50,14.50)	F25	(5.84,10.84,15.84)	U6	(2.79,7.79,12.79)
F8	(7.70,12.70,17.70)	W1	(8.02,13.02,18.02)	U7	(8.5,13.50,18.50)
F9	(5.04,10.04,15.04)	W2	(3.18,8.18,13.18)	U8	(2.01,7.01,12.01)
F10	(8.77,13.77,18.77)	W3	(6.39,11.39,16.39)	U9	(8.80,13.80,18.80)
F11	(8.92,13.92,18.92)	W4	(2.82,7.82,12.82)	U10	(3.36,8.36,13.36)
F12	(3.87,8.87,13.87)	W5	(4.87,9.87,14.87)	U11	(6.16,11.16,16.16)
F13	(3.78,8.78,13.78)	W6	(3.49,8.49,13.49)	U12	(6.36,11.36,16.36)
F14	(6.84,11.84,16.84)	W7	(7.01,12.01,17.01)	U13	(5.56,10.56,15.56)
F15	(7.86,12.86,17.86)	W8	(7.59,12.59,17.59)	U14	(7.18,12.18,17.18)
F16	(6.85,11.85,16.85)	W9	(3.62,8.62,13.62)	U15	(6.45,11.45,16.45)
F17	(3.79,8.79,13.79)	W10	(7.85,12.85,17.85)		
F18	(7.28,12.28,17.28)	W11	(9.53,14.53,19.53)		

表 3.5 土壤重金属 Cd 的生物毒性双权重评价模糊值

样点	$\widetilde{\Omega}$ 值	样点	$\widetilde{\Omega}$ 值	样点	$\widetilde{\Omega}$ 值
F1	(41.08,71.08,101.08)	F19	(46.36,76.36,106.36)	W12	(46.92,76.92,106.92
F2	(50.15,80.15,110.15)	F20	(24.11,54.11,84.11)	U1	(15.75,45.75,75.75)
F3	(37.38,67.38,97.38)	F21	(18.37,48.37,78.37)	U2	(37.14,67.14,97.14)
F4	(20.97,50.97,80.97)	F22	(12.80,42.80,72.80)	U3	(44.07,74.07,104.07)
F5	(73.75,103.75,133.75)	F23	(28.56,58.56,88.56)	U4	(51.53,81.53,111.53)
F6	(37.12,67.12,97.12)	F24	(42.30,72.30,102.30)	U5	(16.72,46.72,76.22)
F7	(18.00,48.00,78.00)	F25	(51.43,81.43,111.43)	U6	(14.13,44.13,74.13)
F8	(50.53,80.53,110.53)	W1	(30.30,60.30,90.30)	U7	(42.86,72.86,102.86)
F9	(63.00,93.00,123.00)	W2	(32.55,62.55,92.55)	U8	(34.33,64.33,94.33)
F10	(19.67,49.67,79.67)	W3	(37.12,67.12,97.12)	U9	(25.34,55.34,85.34)
F11	(36.00,66.00,96.00)	W4	(29.05,59.05,89.05)	U10	(24.58,54.58,84.58)
F12	(20.25,50.25,80.25)	W5	(24.23,54.23,84.23)	U11	(42.35,72.35,102.35)
F13	(24.11,54.11,84.11)	W6	(21.87,51.87,81.87)	U12	(21.87,51.87,81.87)
F14	(21.54,51.54,81.54)	W7	(47.59,77.59,107.59)	U13	(48.00,78.00,108.00)
F15	(20.77,50.77,80.77)	W8	(38.25,68.25,98.25)	U14	(48.39,78.39,108.39)
F16	(38.00,68.00,98.00)	W9	(13.00,43.00,73.00)	U15	(16.56,46.56,76.56)
F17	(53.40,83.40,113.40)	W10	(35.66,65.66,95.66)		
F18	(57.27,87.27,117.27)	W11	(53.33,83.33,113.33)		

表 3.6　　　　土壤重金属 Cr 的生物毒性双权重评价模糊值

样点	$\widetilde{\Omega}$ 值	样点	$\widetilde{\Omega}$ 值	样点	$\widetilde{\Omega}$ 值
F1	(1.85,3.85,5.85)	F19	(0.68,2.68,4.68)	W12	(0.49,2.49,4.49)
F2	(1.09,3.09,5.09)	F20	(0.64,2.64,4.64)	U1	(0.56,2.56,4.56)
F3	(1.35,3.35,5.35)	F21	(0.99,2.99,4.99)	U2	(0.42,2.42,4.42)
F4	(1.07,3.07,5.07)	F22	(2.04,4.04,6.04)	U3	(0.34,2.34,4.34)
F5	(0.62,2.62,4.62)	F23	(0.77,2.77,4.77)	U4	(2.04,4.04,6.04)
F6	(0.86,2.86,4.86)	F24	(0.74,2.74,4.74)	U5	(0.80,2.80,4.80)
F7	(1.25,3.25,5.25)	F25	(0.48,2.48,4.48)	U6	(0.55,2.55,4.55)
F8	(1.60,3.60,5.60)	W1	(0.95,2.95,4.95)	U7	(1.28,3.28,5.28)
F9	(0.69,2.69,4.69)	W2	(0.46,2.46,4.46)	U8	(0.25,2.25,4.25)
F10	(1.27,3.27,5.27)	W3	(0.67,2.67,4.67)	U9	(0.95,2.95,4.95)
F11	(1.45,3.45,5.45)	W4	(0.62,2.62,4.62)	U10	(0.44,2.44,4.44)
F12	(1.25,3.25,5.25)	W5	(1.40,3.40,5.40)	U11	(0.17,2.17,4.17)
F13	(3.72,5.72,7.72)	W6	(0.17,2.17,4.17)	U12	(0.18,2.18,4.18)
F14	(0.63,2.63,4.63)	W7	(0.51,2.51,4.51)	U13	(0.33,2.33,4.33)
F15	(0.91,2.91,4.91)	W8	(1.40,3.40,5.40)	U14	(0.61,2.61,4.61)
F16	(0.58,2.58,4.58)	W9	(0.65,2.65,4.65)	U15	(1.46,3.46,5.46)
F17	(0.77,2.77,4.77)	W10	(0.46,2.46,4.46)		
F18	(1.04,3.04,5.04)	W11	(2.03,4.03,6.03)		

　　(4)其他参数的确定。k 为修正造岩运动引起的背景波动而设定的系数,一般取值为 1.5。[3]

3.3.2 基于所建随机模糊评价模型的实例评价

基于图 2.6 中先导区 52 个表层土壤采样点中的各重金属总量实测数据,将表 3.1—表 3.6 中经三角模糊化后的对应地球化学背景值数据和重金属的生物毒性双权重评价模糊值带入公式(3.10),而后利用 Crystal Ball 2000 软件进行 Monte-Carlo 抽样下的随机模糊模拟(MC-TFN),可得到土壤重金属污染随机模糊评价值模拟序列 $\{I_i^m \mid i=1,2,\cdots,m; i=1,2,\cdots,5\}$, m 为随机模拟的实验次数。而后平行地进行 10000、20000、30000、40000 和 50000 次模拟实验,以探索各重金属的随机模糊序列的收敛情况,并最后确定模拟试验次数。由于数据量较大,故只列出实例区域土壤中 5 种重金属在采样点 F1—F5 处的随机模糊评价结果,见表 3.7。

表 3.7　**95%置信度和不同模拟次数下 F1—F5 处的随机模糊评价结果**

样点	模拟次数	10000	20000	30000	40000	50000
F1(Cd)	最小值	10.57	10.53	10.55	10.52	10.54
	平均值	11.38	11.38	11.38	11.38	11.38
	最大值	12.03	12.01	12.02	12.04	12.04
F2(Cd)	最小值	12.74	12.72	12.74	12.73	12.72
	平均值	13.48	13.48	13.48	13.48	13.48
	最大值	14.08	14.05	14.07	14.07	14.07
F3(Cd)	最小值	10.34	10.34	10.32	10.31	10.30
	平均值	11.23	11.23	11.23	11.23	11.23
	最大值	11.87	11.89	11.88	11.90	11.90
F4(Cd)	最小值	9.60	9.63	9.59	9.64	9.59
	平均值	10.91	10.91	10.91	10.91	10.91
	最大值	11.72	11.71	11.74	11.76	11.75

样点	模拟次数	10000	20000	30000	40000	50000
F5(Cd)	最小值	9.75	9.74	9.73	9.75	9.75
	平均值	10.32	10.32	10.32	10.32	10.32
	最大值	10.79	10.81	10.80	10.80	10.80
F1(Cr)	最小值	0.30	0.28	0.26	0.27	0.25
	平均值	1.36	1.36	1.36	1.36	1.36
	最大值	2.09	2.09	2.09	2.12	2.13
F2(Cr)	最小值	0.20	0.16	0.16	0.22	0.14
	平均值	1.68	1.68	1.67	1.67	1.67
	最大值	2.52	2.57	2.55	2.54	2.57
F3(Cr)	最小值	−0.17	−0.14	−0.16	−0.19	−0.17
	平均值	1.14	1.13	1.14	1.14	1.14
	最大值	1.93	1.97	1.97	1.95	1.95
F4(Cr)	最小值	0.17	0.09	0.09	0.05	0.04
	平均值	1.59	1.59	1.59	1.59	1.59
	最大值	2.46	2.45	2.48	2.47	2.49
F5(Cr)	最小值	−1.19	−1.22	−1.25	−1.19	−1.23
	平均值	0.79	0.80	0.79	0.79	0.79
	最大值	1.77	1.82	1.82	1.79	1.81
F1(Cu)	最小值	1.76	1.73	1.70	1.66	1.70
	平均值	3.02	3.02	3.02	3.02	3.02
	最大值	3.83	3.86	3.87	3.85	3.84
F2(Cu)	最小值	2.93	2.91	2.88	2.89	2.90
	平均值	4.12	4.11	4.11	4.11	4.11
	最大值	4.89	4.90	4.92	4.90	4.92
F3(Cu)	最小值	1.26	1.29	1.27	1.26	1.22
	平均值	2.70	2.70	2.70	2.70	2.70
	最大值	3.57	3.58	3.55	3.57	3.57

续表

样点	模拟次数	10000	20000	30000	40000	50000
F4(Cu)	最小值	0.68	0.58	0.59	0.67	0.61
	平均值	2.56	2.55	2.56	2.56	2.55
	最大值	3.52	3.56	3.55	3.53	3.55
F5(Cu)	最小值	1.35	1.38	1.35	1.34	1.37
	平均值	2.67	2.66	2.67	2.66	2.66
	最大值	3.44	3.51	3.50	3.47	3.48
F1(Pb)	最小值	3.39	3.40	3.39	3.39	3.40
	平均值	4.21	4.22	4.21	4.21	4.21
	最大值	4.83	4.86	4.84	4.84	4.86
F2(Pb)	最小值	−4.77	−4.74	−4.75	−4.77	−4.80
	平均值	−3.62	−3.63	−3.62	−3.62	−3.62
	最大值	−2.86	−2.87	−2.87	−2.87	−2.87
F3(Pb)	最小值	−1.35	−1.45	−1.39	−1.46	−1.46
	平均值	0.07	0.07	0.06	0.06	0.06
	最大值	0.94	0.96	0.96	0.93	0.95
F4(Pb)	最小值	2.26	2.26	2.25	2.24	2.22
	平均值	3.74	3.73	3.74	3.74	3.74
	最大值	4.62	4.60	4.62	4.63	4.61
F5(Pb)	最小值	0.23	0.20	0.15	0.14	0.15
	平均值	1.41	1.41	1.40	1.40	1.40
	最大值	2.20	2.20	2.19	2.20	2.20
F1(Zn)	最小值	0.22	0.24	0.22	0.23	0.21
	平均值	1.29	1.29	1.29	1.29	1.29
	最大值	1.99	2.03	2.02	2.04	2.03
F2(Zn)	最小值	1.09	1.02	1.06	1.08	1.05
	平均值	2.29	2.29	2.29	2.29	2.29
	最大值	3.10	3.09	3.10	3.09	3.09

样点	模拟次数	10000	20000	30000	40000	50000
F3(Zn)	最小值	-2.12	-2.30	-2.29	-2.25	-2.29
	平均值	-0.06	-0.07	-0.07	-0.07	-0.07
	最大值	0.94	0.96	0.95	0.97	0.98
F4(Zn)	最小值	1.09	1.12	1.10	1.09	1.10
	平均值	1.79	1.79	1.79	1.79	1.79
	最大值	2.48	2.51	2.51	2.50	2.52
F5(Zn)	最小值	-1.37	-1.30	-1.33	-1.36	-1.35
	平均值	0.01	0.01	0.01	0.01	0.01
	最大值	0.85	0.86	0.89	0.85	0.87

表 3.7 表明,MC-TFN 模拟过程在试验次数分别为 40000 次和 50000 次时随机模糊评价结果已基本收敛,为了保证运算精确度和效率,选择 40000 次为模拟次数。MC-TFN 评价过程达到结果收敛时消耗的时间小于 2 小时,而对于同一个评价者进行 α-截集技术下的三角模糊数评价,其过程需耗时近 4.5 小时,可见随机模糊评价模型确实有效地提高了基于单纯模糊数学改进评价法的数据处理效率。

将表 3.7 中的 5 种重金属在各采样点的随机模糊评价结果代入式(3.11)—式(3.17)得出 5 种重金属在 52 个采样点的随机模糊评价结果隶属于的污染程度等级及对应的概率可信度,见表 3.8—表 3.12 所示,并利用 IDW 插值法绘制了最大隶属度原则下先导区土壤 Cu、Zn、Pb、Cd 和 Cr 的随机模糊空间评价结果分布图,详见图 3.3,其中每个采样点的最大隶属度值已被突出显示。

根据最大隶属度原则,95% 置信度下 Cu 在 52 个采样点的随机模糊评价结果中,1.92% 的采样点隶属于重度污染等级,7.69% 的采样点隶属于偏重污染等级,69.23% 的采样点隶属于中度污染等级,17.31% 采样点

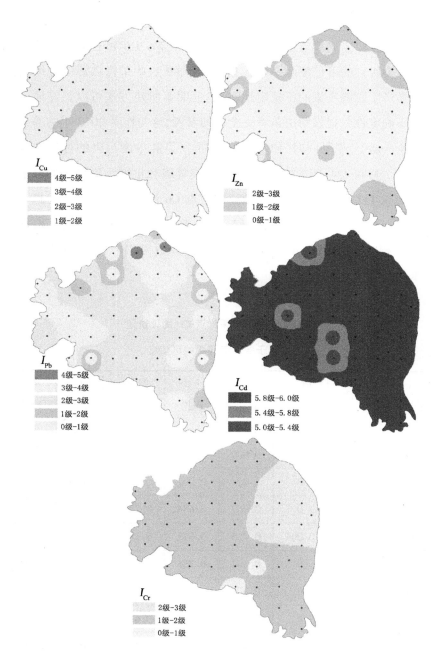

图 3.3　最大隶属度原则下土壤中重金属的随机模糊空间评价结果

隶属于偏中污染等级和 3.85% 的采样点隶属于清洁污染以下级别(表
3.8 和图 3.3)。采样点 F1、F7、F16、F23、W4、W6、U6 和 U14 处其隶属于
相邻污染级别的可信度水平非常相近,可知在这些采样点污染等级的判
断上易产生影响决策的不确定性,这也证明了所建方法可以很好地量化
参数不确定性并提供给决策者更全面的参考,这与作者 2012 年的部分研
究结论一致。[6,30,10] 同时,F1 隶属于偏重污染和中度污染的可信度分别
为 0.567 和 0.424,而 F7 隶属于重度污染等级和重度污染等级的可信度
分别为 0.457 和 0.505,这初步说明 F1 点 Cu 污染等级有降低的趋势而
F7 点的污染等级则有升高的趋势,其他类似点同理则不赘述。根据式
(3.18) 和图 3.3 可得,先导区 Cu 的综合污染值为 2.81,整体属于中度污
染水平。

表 3.8　　　　　　95% 置信度下各采样点 Cu 的评价值

隶属于各污染等级的可信度

采样点	清洁	清洁污染	偏中污染	中度污染	偏重污染	重度污染	严重污染
	0 级	1 级	2 级	3 级	4 级	5 级	6 级
F1	0	0	0.009	0.424	**0.567**	0	0
F2	0	0	0	0.001	0.345	**0.654**	0
F3	0	0	0.067	**0.684**	0.249	0	0
F4	0	0.005	0.135	**0.673**	0.187	0	0
F5	0	0	0.062	**0.756**	0.191	0	0
F6	0	0	0.001	0.293	**0.706**	0	0
F7	0	0	0.038	**0.505**	0.457	0	0
F8	0	0	0.127	**0.748**	0.125	0	0
F9	0	0	0.074	**0.667**	0.259	0	0

采样点	清洁	清洁污染	偏中污染	中度污染	偏重污染	重度污染	严重污染
	0 级	1 级	2 级	3 级	4 级	5 级	6 级
F10	0	0	0.172	**0.810**	0.018	0	0
F11	0.014	0.142	**0.628**	0.216	0	0	0
F12	0	0	0.128	**0.803**	0.069	0	0
F13	0	0	0.090	**0.744**	0.166	0	0
F14	0	0	0	0.221	**0.778**	0.001	0
F15	0	0.033	0.339	**0.628**	0	0	0
F16	0.001	0.061	0.402	**0.536**	0	0	0
F17	0	0.010	0.189	**0.724**	0.077	0	0
F18	0	0.040	**0.529**	0.431	0	0	0
F19	0	0.006	0.259	**0.730**	0.005	0	0
F20	0.016	0.155	**0.635**	0.194	0	0	0
F21	0	0.002	0.196	**0.766**	0.036	0	0
F22	0	0.011	0.240	**0.730**	0.019	0	0
F23	0	0.050	**0.528**	0.422	0	0	0
F24	0	0	0.217	**0.781**	0.002	0	0
F25	0	0	0.084	**0.723**	0.193	0	0
W1	0.005	0.058	0.312	**0.614**	0.011	0	0
W2	0	0.075	**0.645**	0.280	0	0	0
W3	0	0.065	**0.562**	0.373	0	0	0
W4	0	0	0.068	**0.503**	0.429	0	0
W5	0	0	0.007	0.266	**0.723**	0.004	0
W6	0.021	0.104	**0.460**	0.415	0	0	0

续表

采样点	清洁	清洁污染	偏中污染	中度污染	偏重污染	重度污染	严重污染
	0 级	1 级	2 级	3 级	4 级	5 级	6 级
W7	0	0.005	0.165	**0.727**	0.103	0	0
W8	0.011	0.135	**0.628**	0.226	0	0	0
W9	0.142	**0.521**	0.337	0	0	0	0
W10	0	0.019	0.355	**0.626**	0	0	0
W11	0.077	**0.535**	0.388	0	0	0	0
W12	0.001	0.057	0.377	**0.565**	0	0	0
U1	0.003	0.042	0.246	**0.659**	0.050	0	0
U2	0	0.008	0.128	**0.628**	0.236	0	0
U3	0	0	0.105	**0.662**	0.233	0	0
U4	0	0.004	0.231	**0.752**	0.013	0	0
U5	0	0	0.036	**0.652**	0.312	0	0
U6	0.001	0.076	**0.509**	0.414	0	0	0
U7	0.006	0.053	0.273	**0.634**	0.034	0	0
U8	0	0.016	0.131	**0.578**	0.275	0	0
U9	0.004	0.041	0.211	**0.640**	0.104	0	0
U10	0	0.044	0.307	**0.643**	0.006	0	0
U11	0	0.032	0.227	**0.670**	0.071	0	0
U12	0.004	0.049	0.283	**0.641**	0.023	0	0
U13	0.002	0.034	0.195	**0.647**	0.122	0	0
U14	0	0	0.030	**0.530**	0.440	0	0
U15	0.002	0.049	0.304	**0.636**	0.009	0	0

　　根据最大隶属度原则,95%置信度下 Zn 在 52 个采样点的随机模糊评价结果中,9.62%的采样点隶属于中度污染等级,9.62%采样点隶属于偏中污染等级和 80.76%的采样点隶属于清洁污染以下级别(表 3.9 和图 3.3)。采样点 F3、F5、F25、U1、U3 和 U4 处其隶属于相邻污染级别的可信度水平非常相近,但其整体污染等级较低,仅在 F2、F14、F22、W10 和 U14 处有相对较高的污染水平。根据式(3.18)和图 3.3 可得,先导区 Zn 的综合污染值为 0.69,整体属于清洁污染等级。

表 3.9　　　　　**95%置信度下各采样点 Zn 的评价值**
隶属于各污染等级的可信度

采样点	清洁	清洁污染	偏中污染	中度污染	偏重污染	重度污染	严重污染
	0 级	1 级	2 级	3 级	4 级	5 级	6 级
F1	0	0.192	**0.808**	0	0	0	0
F2	0	0	0.210	**0.789**	0.001	0	0
F3	0.493	**0.507**	0	0	0	0	0
F4	0	0	**0.769**	0.231	0	0	0
F5	0.444	**0.556**	0	0	0	0	0
F6	0.170	**0.796**	0.034	0	0	0	0
F7	**0.901**	0.099	0	0	0	0	0
F8	0.045	**0.777**	0.178	0	0	0	0
F9	0.341	**0.659**	0	0	0	0	0
F10	**0.748**	0.252	0	0	0	0	0
F11	**1**	0	0	0	0	0	0
F12	0.051	0.328	**0.618**	0.003	0	0	0

采样点	清洁	清洁污染	偏中污染	中度污染	偏重污染	重度污染	严重污染
	0 级	1 级	2 级	3 级	4 级	5 级	6 级
F13	**1**	0	0	0	0	0	0
F14	0	0.004	0.244	**0.744**	0.008	0	0
F15	**0.997**	0.003	0	0	0	0	0
F16	**0.999**	0.001	0	0	0	0	0
F17	0.075	0.325	**0.592**	0.008	0	0	0
F18	**0.967**	0.033	0	0	0	0	0
F19	**0.995**	0.005	0	0	0	0	0
F20	**1**	0	0	0	0	0	0
F21	0.262	**0.734**	0.004	0	0	0	0
F22	0	0	0.063	**0.755**	0.182	0	0
F23	**1**	0	0	0	0	0	0
F24	0.391	**0.609**	0	0	0	0	0
F25	0.494	**0.506**	0	0	0	0	0
W1	0	0.142	**0.825**	0.033	0	0	0
W2	**1**	0	0	0	0	0	0
W3	**0.699**	0.301	0	0	0	0	0
W4	**0.710**	0.290	0	0	0	0	0
W5	0.078	**0.811**	0.111	0	0	0	0
W6	**0.915**	0.085	0	0	0	0	0

续表

采样点	清洁	清洁污染	偏中污染	中度污染	偏重污染	重度污染	严重污染
	0 级	1 级	2 级	3 级	4 级	5 级	6 级
W7	**0.813**	0.187	0	0	0	0	0
W8	**1**	0	0	0	0	0	0
W9	**1**	0	0	0	0	0	0
W10	0	0.003	0.110	**0.606**	0.281	0	0
W11	**1**	0	0	0	0	0	0
W12	**0.954**	0.046	0	0	0	0	0
U1	0.434	**0.565**	0.001	0	0	0	0
U2	0.239	**0.761**	0	0	0	0	0
U3	0.454	**0.546**	0	0	0	0	0
U4	0.079	**0.500**	0.421	0	0	0	0
U5	**0.840**	0.160	0	0	0	0	0
U6	**0.631**	0.369	0	0	0	0	0
U7	**0.942**	0.058	0	0	0	0	0
U8	**1**	0	0	0	0	0	0
U9	**1**	0	0	0	0	0	0
U10	**0.704**	0.296	0	0	0	0	0
U11	**1**	0	0	0	0	0	0
U12	**1**	0	0	0	0	0	0
U13	**1**	0	0	0	0	0	0
U14	0	0	0.004	**0.829**	0.167	0	0
U15	**1**	0	0	0	0	0	0

根据最大隶属度原则,95%置信度下 Pb 在 52 个采样点的随机模糊评价结果中,3.84%的采样点隶属于重度污染等级,25%的采样点隶属于偏重污染等级,36.54%的采样点隶属于中度污染等级,17.31%采样点隶属于偏中污染等级和 17.31%的采样点隶属于清洁污染以下级别(表3.10 和图 3.3)。采样点 F13、W2 和 U11 处其隶属于相邻污染级别的可信度水平非常相近,其中,F13 隶属于中度污染和偏重污染等级的可信度分别为 0.550 和 0.436,而 U11 隶属于中度污染和偏重污染等级的可信度分别为 0.492 和 0.508,这可以初步说明 U11 点 Pb 污染等级有降低的趋势而 F13 点的污染等级则有升高的趋势,其他类似点同理,不赘述。根据式(3.18)和图 3.3 可得,先导区 Pb 的综合污染值为 2.66,整体污染水平与 Cu 相似,属于中度污染水平。

表 3.10 　　　　　**95%置信度下各采样点 Pb 的评价值**

隶属于各污染等级的可信度

采样点	清洁	清洁污染	偏中污染	中度污染	偏重污染	重度污染	严重污染
	0 级	1 级	2 级	3 级	4 级	5 级	6 级
F1	0	0	0	0	0.209	**0.791**	0
F2	**1**	0	0	0	0	0	0
F3	0.389	**0.611**	0	0	0	0	0
F4	0	0	0	0.059	**0.654**	0.287	0
F5	0	0.147	**0.835**	0.018	0	0	0
F6	0	0	0	0.034	**0.936**	0.030	0
F7	0	0	0.232	**0.768**	0	0	0
F8	0	0	0	0.014	**0.964**	0.022	0
F9	0	0.006	**0.673**	0.321	0	0	0

采样点	清洁	清洁污染	偏中污染	中度污染	偏重污染	重度污染	严重污染
	0 级	1 级	2 级	3 级	4 级	5 级	6 级
F10	0	0	0.005	**0.979**	0.016	0	0
F11	0	0	**0.785**	0.215	0	0	0
F12	0	0.087	**0.830**	0.083	0	0	0
F13	0	0	0.014	**0.550**	0.436	0	0
F14	0	0	0	0	0	**0.728**	0.272
F15	**1**	0	0	0	0	0	0
F16	**1**	0	0	0	0	0	0
F17	0	0	0.045	**0.739**	0.216	0	0
F18	0	0	0.006	**0.922**	0.072	0	0
F19	**0.790**	0.210	0	0	0	0	0
F20	0	0	0	0.377	**0.623**	0	0
F21	0	0.115	**0.885**	0	0	0	0
F22	0	0	0	**0.677**	0.323	0	0
F23	0	0	0	0.380	**0.620**	0	0
F24	0	0.011	**0.951**	0.038	0	0	0
F25	0	0	0.017	**0.863**	0.120	0	0
W1	0	0	0	0.044	**0.955**	0.001	0
W2	0	0	0.022	**0.534**	0.445	0	0
W3	0	0	0.226	**0.774**	0	0	0
W4	0	0	0.153	**0.788**	0.059	0	0
W5	0	0	0.011	**0.717**	0.272	0	0
W6	0	0.190	**0.802**	0.008	0	0	0

续表

采样点	清洁	清洁污染	偏中污染	中度污染	偏重污染	重度污染	严重污染
	0 级	1 级	2 级	3 级	4 级	5 级	6 级
W7	0	0	0	**0.708**	0.292	0	0
W8	0	0	0.216	**0.784**	0	0	0
W9	0	0.005	0.426	**0.569**	0	0	0
W10	0	0	0	0.353	**0.647**	0	0
W11	0	0	0	0	**0.882**	0.118	0
W12	0	0.044	**0.932**	0.024	0	0	0
U1	0.387	**0.613**	0	0	0	0	0
U2	**1**	0	0	0	0	0	0
U3	0	0	0.366	**0.634**	0	0	0
U4	0	0	0	0.001	**0.975**	0.024	0
U5	0	0	0.080	**0.594**	0.326	0	0
U6	**1**	0	0	0	0	0	0
U7	0	0	0	0.124	**0.876**	0	0
U8	0.023	0.324	**0.652**	0.001	0	0	0
U9	0	0	0	0.077	**0.923**	0	0
U10	0	0.001	0.255	**0.744**	0	0	0
U11	0	0	0	0.492	**0.508**	0	0
U12	0	0	0.274	**0.726**	0	0	0
U13	0.011	**0.795**	0.194	0	0	0	0
U14	0	0	0	0	**0.690**	0.310	0
U15	0	0	0.023	**0.922**	0.055	0	0

根据最大隶属度原则,95% 置信度下 Cd 在 52 个采样点的随机模糊评价结果中,92.31% 的采样点隶属于严重污染等级,7.69% 的采样点隶属于重度污染等级(表 3.11 和图 3.3),相对于其他重金属 Cd 的综合污染水平最高。根据式(3.18)和图 3.3 可得,先导区 Cd 的综合污染值为 5.91,属于严重污染水平。

表 3.11　　　　　**95% 置信度下各采样点 Cd 的评价值**

隶属于各污染等级的可信度

采样点	清洁	清洁污染	偏中污染	中度污染	偏重污染	重度污染	严重污染
	0 级	1 级	2 级	3 级	4 级	5 级	6 级
F1	0	0	0	0	0	0	**1**
F2	0	0	0	0	0	0	**1**
F3	0	0	0	0	0	0	**1**
F4	0	0	0	0	0	0	**1**
F5	0	0	0	0	0	0	**1**
F6	0	0	0	0	0	0	**1**
F7	0	0	0	0	0	0	**1**
F8	0	0	0	0	0	0	**1**
F9	0	0	0	0	0	0	**1**
F10	0	0	0	0	0	0	**1**
F11	0	0	0	0	0	0	**1**
F12	0	0	0	0	0.101	**0.802**	0.097
F13	0	0	0	0	0.051	**0.788**	0.161
F14	0	0	0	0	0	0	**1**

续表

采样点	清洁	清洁污染	偏中污染	中度污染	偏重污染	重度污染	严重污染
	0 级	1 级	2 级	3 级	4 级	5 级	6 级
F15	0	0	0	0	0.095	**0.803**	0.102
F16	0	0	0	0	0	0.483	**0.517**
F17	0	0	0	0	0	0	**1**
F18	0	0	0	0	0	0.062	**0.938**
F19	0	0	0	0	0	0	**1**
F20	0	0	0	0	0	0	**1**
F21	0	0	0	0	0	0	**1**
F22	0	0	0	0	0	0	**1**
F23	0	0	0	0	0	0	**1**
F24	0	0	0	0	0	0	**1**
F25	0	0	0	0	0	0	**1**
W1	0	0	0	0	0	0	**1**
W2	0	0	0	0	0	0	**1**
W3	0	0	0	0	0	0	**1**
W4	0	0	0	0	0	0	**1**
W5	0	0	0	0	0	0	**1**
W6	0	0	0	0	0	0	**1**
W7	0	0	0	0	0	0	**1**
W8	0	0	0	0	0	0	**1**
W9	0	0	0	0.008	0.228	**0.742**	0.022
W10	0	0	0	0	0	0	**1**

采样点	清洁	清洁污染	偏中污染	中度污染	偏重污染	重度污染	严重污染
	0 级	1 级	2 级	3 级	4 级	5 级	6 级
W11	0	0	0	0	0	0	**1**
W12	0	0	0	0	0	0	**1**
U1	0	0	0	0	0	0	**1**
U2	0	0	0	0	0	0	**1**
U3	0	0	0	0	0	0	**1**
U4	0	0	0	0	0	0	**1**
U5	0	0	0	0	0	0	**1**
U6	0	0	0	0	0	0	**1**
U7	0	0	0	0	0	0	**1**
U8	0	0	0	0	0	0	**1**
U9	0	0	0	0	0	0	**1**
U10	0	0	0	0	0	0	**1**
U11	0	0	0	0	0	0	**1**
U12	0	0	0	0	0	0	**1**
U13	0	0	0	0	0	0	**1**
U14	0	0	0	0	0	0	**1**
U15	0	0	0	0	0	0	**1**

　　根据最大隶属度原则,95%置信度下 Cr 在 52 个采样点的随机模糊评价结果中,9.62%的采样点隶属于中度污染等级,46.15%采样点隶属于偏中污染等级和44.23%的采样点隶属于清洁污染以下级别(表 3.12

和图 3.3）。采样点 F11、F16、F24、W6、W11、U2 和 U3 处其隶属于相邻污染级别的可信度水平非常相近,其中,W11 隶属于清洁污染和偏中污染等级的可信度分别为 0.549 和 0.450,而 U2 隶属于中度污染和偏重污染等级的可信度分别为 0.446 和 0.467,这初步说明 U2 点 Cr 污染等级有降低的趋势而 W11 点的污染等级则有升高的趋势,其他类似点同理,不赘述。根据式(3.18)和图 3.3 可得,先导区 Cr 的综合污染值为 1.58,整体污染水平与 Cr 相似,属于偏中污染。

表 3.12　　　　　　95%置信度下各采样点 Cr 的评价值

隶属于各污染等级的可信度

采样点	清洁	清洁污染	偏中污染	中度污染	偏重污染	重度污染	严重污染
	0 级	1 级	2 级	3 级	4 级	5 级	6 级
F1	0	0.144	**0.852**	0.003	0	0	0
F2	0	0.075	**0.692**	0.233	0	0	0
F3	0.003	0.319	**0.678**	0	0	0	0
F4	0	0.101	**0.733**	0.166	0	0	0
F5	0.081	**0.527**	0.392	0	0	0	0
F6	0.089	**0.646**	0.265	0	0	0	0
F7	0	0.004	0.308	**0.688**	0	0	0
F8	0	0.185	**0.813**	0.002	0	0	0
F9	0.034	0.343	**0.623**	0	0	0	0
F10	0	0.217	**0.777**	0.006	0	0	0
F11	**0.541**	0.459	0	0	0	0	0
F12	0.003	0.298	**0.699**	0	0	0	0

采样点	清洁	清洁污染	偏中污染	中度污染	偏重污染	重度污染	严重污染
	0 级	1 级	2 级	3 级	4 级	5 级	6 级
F13	0	0.001	**0.975**	0.024	0	0	0
F14	0.076	**0.518**	0.406	0	0	0	0
F15	0.083	**0.642**	0.275	0	0	0	0
F16	0.077	**0.498**	0.425	0	0	0	0
F17	0.009	0.208	**0.733**	0.050	0	0	0
F18	0.113	**0.741**	0.146	0	0	0	0
F19	0.096	**0.597**	0.307	0	0	0	0
F20	0.122	**0.639**	0.239	0	0	0	0
F21	0.051	**0.574**	0.375	0	0	0	0
F22	0	0.135	**0.863**	0.002	0	0	0
F23	0.386	**0.614**	0	0	0	0	0
F24	0.062	**0.505**	0.433	0	0	0	0
F25	0.330	**0.655**	0.015	0	0	0	0
W1	0.042	**0.517**	0.441	0	0	0	0
W2	0.059	0.357	**0.584**	0	0	0	0
W3	**0.943**	0.057	0	0	0	0	0
W4	0.003	0.100	**0.599**	0.298	0	0	0
W5	0	0.076	**0.788**	0.136	0	0	0
W6	0.128	**0.461**	0.411	0	0	0	0
W7	0.219	**0.688**	0.093	0	0	0	0
W8	0	0.217	**0.781**	0.002	0	0	0

续表

采样点	清洁	清洁污染	偏中污染	中度污染	偏重污染	重度污染	严重污染
	0 级	1 级	2 级	3 级	4 级	5 级	6 级
W9	0.150	**0.681**	0.169	0	0	0	0
W10	0.227	**0.679**	0.094	0	0	0	0
W11	0.001	**0.549**	0.450	0	0	0	0
W12	0.134	**0.605**	0.261	0	0	0	0
U1	0.021	0.209	**0.698**	0.072	0	0	0
U2	0.005	0.082	0.446	**0.467**	0	0	0
U3	0.010	0.095	**0.473**	0.422	0	0	0
U4	0	0.011	**0.736**	0.253	0	0	0
U5	0.031	0.375	**0.594**	0	0	0	0
U6	0.044	0.331	**0.623**	0.002	0	0	0
U7	0	0.093	**0.776**	0.131	0	0	0
U8	0.007	0.062	0.311	**0.607**	0.013	0	0
U9	0	0.027	0.429	**0.544**	0	0	0
U10	0.118	**0.550**	0.332	0	0	0	0
U11	0.013	0.072	0.330	**0.577**	0.008	0	0
U12	0.030	0.137	**0.550**	0.283	0	0	0
U13	0.028	0.175	**0.641**	0.156	0	0	0
U14	0.184	**0.695**	0.121	0	0	0	0
U15	0.001	0.330	**0.669**	0	0	0	0

综上所述,先导区土壤重金属的随机模糊综合污染值排序为:Cd(严重污染等级)>Cu(中度污染水平)>Pb(中度污染水平)>Cr(偏中污染等级)>Zn(清洁污染等级),其中 Cd 的污染程度显著高于其他重金属,而 Cu、Pb 和 Cr 污染等级差距不大,需要考虑重金属剂量-人体毒理效应做进一步识别,而 Zn 污染则基本可忽略。如果区域内某重金属基本无污染,但存有个别的点位明显超标时,则建议进行进一步的点污染调查和点风险评价,且不能忽略极值点的问题。

3.3.3 基于常用确定性土壤重金属污染评价法的实例评价

为了进一步验证所建随机模糊模型的可适性和准确性,下面分别利用常用的确定性评价法(包括单因素指数法、内梅罗平均值法、地累积指数法和潜在生态危害指数法)进行了同实例评价研究,并利用 ArcGIS 中的 IDW 插值法对研究结果进行了可视化表征。

(1)单因素指数法。

根据式(1.1)计算了先导区土壤采样点中重金属的单因素指数值,所得结果经 IDW 插值后见图 3.4 所示。根据图 3.4 可知,Cd 的单因素平均值为 44.344,Cu 为 1.19,Pb 为 0.89,Cr 为 1.26,Zn 为 1.45,得到综合排序为:Cd>Zn>Cr>Cu>Pb。

(2)内梅罗指数法。

根据式(1.2)和图 3.4,计算了先导区土壤采样点中重金属的内梅罗指数值,Cd 的内梅罗指数值为 12124.69,Cu 为 2.62,Pb 为 3.52,Cr 为 2.67,Zn 为 15.32,得到综合排序为:Cd>Zn>Pb>Cr>Cu。

(3)确定性地累积指数法。

根据式(1.3),计算了先导区土壤采样点中重金属的确定性地累积指数值,所得结果经 IDW 插值后见图 3.5 所示。根据图 3.5 可知,Cd 的地累积指数平均值为 4.17,Cu 为 -0.44,Pb 为 -1.00,Cr 为 -0.36,Zn 为 -0.59。得到综合排序为:Cd>Cr>Cu>Zn>Pb。

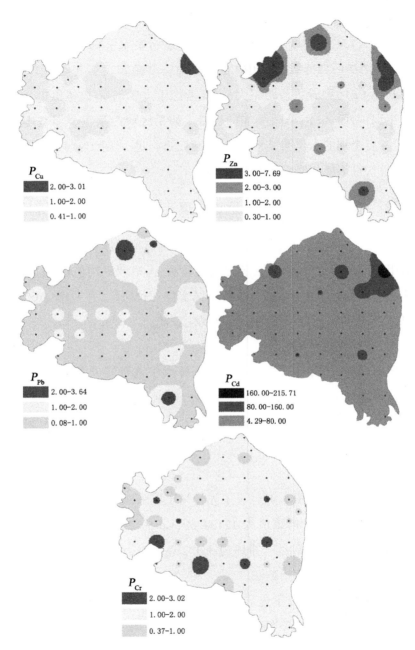

图 3.4　先导区土壤中重金属的单因素指数空间评价结果

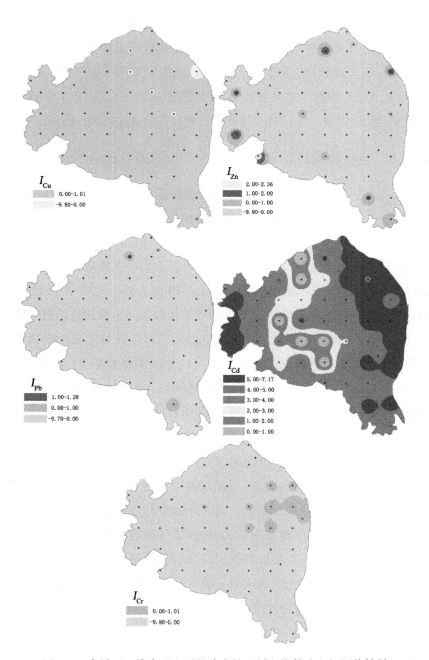

图 3.5 先导区土壤中重金属的确定性地累积指数法空间评价结果

(4)确定性潜在生态危害指数法。

根据式(1.4)和(1.5),计算了先导区土壤采样点中重金属的确定性潜在生态危害指数值,所得结果经 IDW 插值后见图 3.6 所示。根据图 3.6 可知,Cd 的潜在生态危害指数平均值为 1252.67,Cu 为 5.86,Pb 为 4.37,Cr 为 2.59,Zn 为 1.41。得到综合排序为:Cd>Cu>Pb>Cr>Zn。

3.3.4 随机模糊评价和确定性评价的结果对比分析

在先导区土壤重金属案例下,将所建的基于重金属生物毒性双权重的城镇土壤重金属污染的随机模糊评价模型评价结果和单因素指数评价结果、内梅罗指数评价结果、地累积指数评价结果和潜在生态危害指数评价结果汇总于表 3.13。根据表 3.13,先导区土壤中 5 种重金属在随机模糊评价下的综合污染程度排序为:Cd>Cu>Pb>Cr>Zn。结合表 3.13 和图 3.3—图 3.6 可知,所建随机模糊评价结果和常用确定性评价结果整体相似,但也有一定差异。经确定性评价下的污染程度评价结果与随机模糊评价下的污染程度评价结果对比可知:(1)单因素指数结果(Cd>Zn>Cr>Cu>Pb)可以基本反映重金属的富集情况(图 3.4),但该结果只给出了指数值,其对应污染识别标准过于简单,即指数值超过 1 就是土壤已经被污染,如此只能得出先导区土壤已被 Cd、Cu、Cr 和 Zn 污染,其具体污染指数值的环境意义很不明确,仅适用于定性判断;(2)内梅罗指数法是在单因素指数法基础上进行的改进,但此改进主要针对数据集中极值点问题的优化处理,对于先导区 5 种重金属评价结果为 Cd>Zn>Pb>Cr>Cu,与单因素指数结果的不同主要集中在 Zn 的污染等级评别上,这与区域 Zn 的变异系数最高相对应;从其计算公式(1.2)可知,该方法只适合于小尺度范围内的综合初级评价,因为区域土壤重金属的显著空间异质性,故适用范围相对偏窄;(3)地累积指数评价结果(Cd>Cr>Cu>Zn>Pb),其中 Cr、Cu、Zn 和 Pb 均属于清洁等级,这可从侧面证明单因素指数和内梅罗指数评价结果中确实存在误导决策的不确定性,相对之下,地累积指数有较好的分辨力和较为完善的对应污染识别标准(表 3.13 和图 3.5);(4)基于

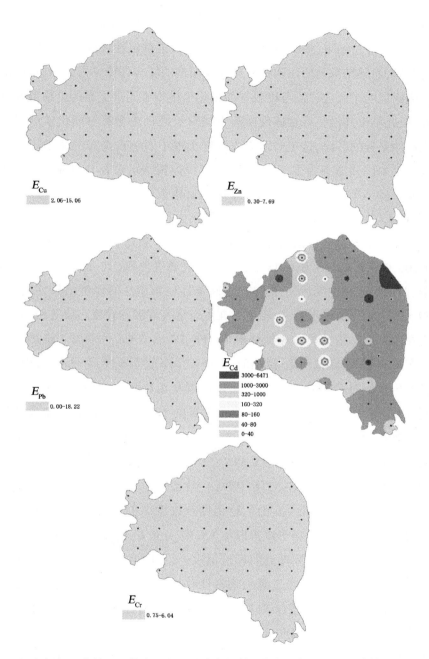

图 3.6 先导区土壤中重金属的确定性潜在危害指数法空间评价结果

对元素地球化学丰度理论下不同重金属生物毒性差异的考虑,潜在生态风险指数评价结果(Cd>Cu>Pb>Cr>Zn)与其他确定性评价结果相比有一定差异,而其结果与所建随机模糊评价模型的综合评价结果则相似,这也从侧面证明了所建方法可以较好地量化土壤中不同重金属的生物毒性差异,但此结果并没很好地体现所建方法对于同种重金属不同化学形态组成毒性差异的考虑,这主要因为先导区土壤中 5 种重金属的化学形态组成都基本以残渣态为主,并且基于地累积指数结果来看 Cr、Cu、Zn 和 Pb 均属于清洁等级;但从每个采样点的评价指数值来看,例如对于 F5、F6、F7 采样点的 Cu 来说,随机模糊评价结果为其隶属于偏中污染、中度污染和偏重污染等级的可信度分别为 0.062、0.673 和 0.187,0.001、0.293 和 0.706,0.038、0.505 和 0.457,根据最大隶属度原则,其分别属于中度污染、偏重污染和中度污染,但是根据确定性地累积法的评价结果,F5、F6、F7 点的 Cu 分别属于清洁、轻度潜在生态危害等级和轻度污染等级,基于潜在生态危害指数法的评价结果 F5、F6、F7 点的 Cu 分别属于轻微潜在生态危害等级、轻微污染等级和轻微潜在生态危害等级,可见所建随机模糊评价模型对 F5、F6、F7 处污染程度的判断相对严重(图 3.3 和图 3.5—图 3.6),根据图 2.7 可知,F5、F6、F7 点的 Cu 的化学形态组成分别为 (S1:0%,S2:7.29%;S3:10.73%;S4:26.11%;S5:55.87%)、(S1:0.74%,S2:5.30%;S3:10.60%;S4:35.35%;S5:48.01%)和(S1:0%,S2:0.00%;S3:17.00%;S4:15.02%;S5:67.98%),故经由重金属生物毒性双权重评价体系处理后,F6 点处 Cu 的生物毒性双权重评价系数值高于 F5 和 F7 点,故 F6 采样点的污染等级得以与 F5、F7 分辨开来。由上可知,所建方法评价结果除给出各采样点的评价值以外,也同时给出了其对应的可信度水平,并且在加入了重金属生物毒性双权重评价体系后确实增加了随机模糊评价模型的分辨力,更易于识别出富集高、毒性大和活性强的土壤重金属及其对应的采样点,这与作者 2012 年的部分研究结果一致。[30,32] 类似模型也应用在河南省某重金属污染农田土壤的评价实践中,取得了良好的评价效果。[30]

表 3.13 　　不同评价方法下先导区土壤中重金属的污染程度分级结果

评价方法	Cd	Cu	Pb	Cr	Zn
单因素指数	44	1.19	0.89	1.26	1.45
内梅罗指数	12124	2.62	3.52	2.67	15.32
地累积指数	4级/偏重	0级/清洁	0级/清洁	0级/清洁	0级/清洁
潜在生态风险指数	1252/极强生态污染	5.86/轻微生态污染	4.37/轻微生态污染	2.59/轻微生态污染	1.41/轻微生态污染
所建随机模糊法	6级/严重	3级/中度	3级/中度	2级/偏中	1级/轻度

对于先导区土壤重金属污染来说,应主要将 Cd 当做潜在风险重金属,进行进一步的健康风险评价,但是由于本方法为初次在先导区土壤重金属评价中应用,故建议对土壤中 5 种重金属都进行健康风险评价,这样也可验证初步风险识别结论的正确性,并且由于所建随机模糊方法中暂时没有考虑到重金属剂量-人体生化反应间的直接毒理参数,故需要进一步进行重金属健康危害的补充识别,上述所需内容将在下一章节进行研究。

3.4 基于生物毒性双权重的城镇土壤重金属的风险模糊评价软件

通过实例验证表明所建随机模糊模型可更真实、更客观地表征区域土壤中重金属的真实污染状态,但相比于确定性模型其计算复杂度相对较高,并且需要有经验的工作人员才可高效完成,这都大大制约了所建模型的推广使用,故尝试将所建模型软件智能化。开发软件的全称为:土壤重金属潜在生态风险随机模糊评价软件 V1.0(ERSFA-SHM_ V1.0),该软件已获得中华人民共和国国家版权局的计算机软件著作权,登记号为 2016SR000418。受限于编著者的编程水平限制,该软

125

件暂时未集成随机模拟功能，欢迎有兴趣的读者在源代码上进行改进和完善。

3.4.1 任务概述

（1）软件目标：提供快速、高效的土壤重金属潜在生态风险模糊评价软件，将评价过程控制在 0.5 个小时内完成；软件应分别试用于小区域和大、中区域尺度的应用；提供多种数据组合方式的输入，适用于土壤重金属总量数据和化学形态组成数据的同时输入，也兼容单独的土壤重金属总量数据输入。

（2）运行环境：本软件对系统的要求如表 3.14 所示。

表 3.14 软件运行环境

项 目	内 容
操作平台	Windows XP，Windows vista，Windows 7 以及其他兼容系统
处理器	Intel 及 AMD 的各通用处理器
运行环境	任意可以执行 exe(可执行程序)文件的操作系统

（3）开发环境。

表 3.15 软件开发环境

项 目	内 容
操作平台	Windows 7 系统，4GB 内存
处理器	Intel(R) Core(TM) i5-4200U CPU 1.6GHZ
开发软件	Microsoft visual studio 2008

3.4.2　软件计算流程图

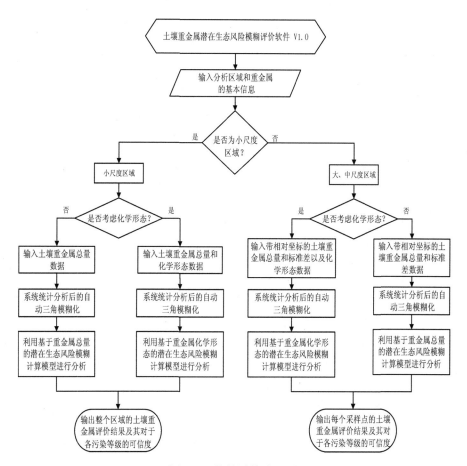

图 3.7　软件计算流程图

3.4.3　数据输入格式

本软件的输入文件采用 . dat 格式文件。根据问题类型分 4 种数据格式进行输入，如表 3. 16 所示。

127

表 3.16 **输入文件数据格式**

问题类型		输入数据格式
小尺度区域	基于重金属含量	样本点总个数 样本点序号　重金属含量
	基于重金属含量和各化学形态含量	样本点个数 样本点序号　重金属含量　各化学形态百分比
大、中尺度区域	基于重金属含量	样本点总个数 样本点序号　X 坐标　Y 坐标　重金属含量　标准差
	基于重金属含量和各化学形态含量	样本点总个数 样本点序号　X 坐标　Y 坐标　重金属含量　标准差 各化学形态百分比

本软件的输出文件采用与输入文件同名的 .res 文件。根据问题类型的不同输出数据有所不同,输出文件中包含的信息主要包括三大部分:

(1)重金属基本信息。如重金属名称、重金属生物毒性权重系数、地球化学背景值、样本点个数,均为用户指定或输入的数据信息。

(2)计算过程中间数据。如经三角模糊化处理后的重金属含量、土壤中重金属的地累积指数区间值等。

(3)评价结果。如土壤中重金属的模糊地累积指数、污染等级、对各等级污染的可信度、土壤重金属的污染综合评价值。

3.4.4 分析步骤

软件主界面如图 3.8 和图 3.9 所示,操作步骤如下所示:

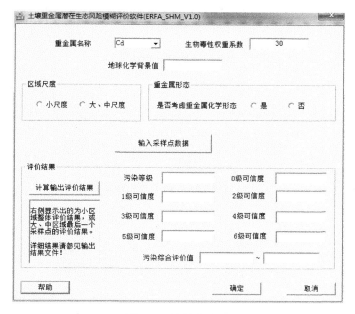

图 3.8 软件主界面

- 选择要分析的重金属类型。如果下拉列表中没有对应元素，请手动输入重金属元素符号；
- 输入重金属的生物毒性权重系数；
- 输入地球化学背景值；
- 请选择区域类型为小区域或大、中区域；
- 请选择是否考虑重金属的各化学形态含量进行分析；
- 点击"输入采样点数据"。根据不用问题类型输入相应的采样点数据，请按照"数据文件示例"规范输入文件，文件输入对话框如图 3.9 所示；
- 点击"计算输出评价结果"。部分评价结果可显示在对话框中，详细结果请查看输入文件所在文件夹中的结果文件 .res。

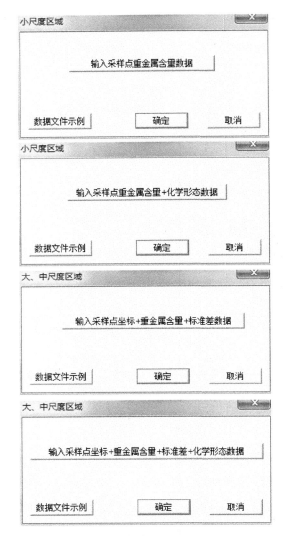

图 3.9　四种问题类型的数据输入对话框

3.4.5　设计说明

（1）源程序文件说明

表 3.17 源程序文件说明

文件名	作　用
ERFA_SHM_V1.0.h	主程序的头文件，定义计算使用的变量和函数
ERFA_SHM_V1.0.cpp	主程序的 C++实现文件，控制计算流程
ERFA_SHM_V1.0Dlg.h	软件主界面对话框头文件，定义界面控件变量
ERFA_SHM_V1.0Dlg.cpp	软件主界面对话框的 C++实现文件，定义控件响应程序
importSmlMtlDlg.h	输入文件对话框的头文件，定义对话框控件变量（基于土壤重金属总量数据分析的小尺度区域问题）
importSmlMtlDlg.cpp	输入文件对话框的 C++实现文件，定义控件响应程序（基于土壤重金属总量数据分析的小尺度区域问题）
importSmlMtlSpDlg.h	输入文件对话框的头文件，定义对话框控件变量（基于土壤重金属总量和化学形态数据分析的小尺度区域问题）
importSmlMtlSpDlg.cpp	输入文件对话框的 C++实现文件，定义控件响应程序（基于土壤重金属总量和化学形态数据分析的小尺度区域问题）
importLrgMtlDlg.h	输入文件对话框的头文件，定义对话框控件变量（基于土壤重金属总量分析的大、中尺度区域问题）
importLrgMtlDlg.cpp	输入文件对话框的 C++实现文件，定义控件响应程序（基于土壤重金属总量分析的大、中尺度区域问题）
importLrgMtlSpDlg.h	输入文件对话框的头文件，定义对话框控件变量（基于土壤重金属总量和化学形态数据分析的大、中尺度区域问题）
importLrgMtlSpDlg.cpp	输入文件对话框的 C++实现文件，定义控件响应程序（基于土壤重金属总量和化学形态数据分析的大、中尺度区域问题）
helpDlg.h	帮助文档对话框的头文件
helpDlg.cpp	帮助文档对话框的 C++实现文件

（2）函数说明

表 3.18　程序中各函数说明

函数名	函数功能
importSmlMtlData( )	输入小尺度区域所有采样点的土壤重金属含量数据
importSmlMtlSpData( )	输入小尺度区域所有采样点的土壤重金属含量和化学形态的百分比数据
importLrgMtlData( )	输入大、中尺度区域所有采样点的坐标、土壤重金属含量数据
importLrgMtlSpData( )	输入大、中尺度区域所有采样点的坐标、土壤重金属含量和标准差以及各化学形态的百分比数据
compute_OutputSmlMtlData( )	计算并输出小尺度区域基于土壤重金属含量的潜在生态风险评价
compute_OutputSmlMtlSpData( )	计算并输出小尺度区域基于土壤重金属含量和化学形态含量的潜在生态风险评价
compute_OutputLrgMtlData( )	计算并输出大、中尺度区域基于土壤重金属含量的潜在生态风险评价
compute_OutputLrgMtlSpData( )	计算并输出大、中尺度区域基于土壤重金属含量和化学形态含量的潜在生态风险评价
computSmallScaleTriFuzzyNum( )	计算小尺度区域重金属含量的三角模糊数
computLargeScaleTriFuzzyNum(long sampleIndex)	计算大、中尺度区域重金属含量的三角模糊数
computandOutputLevel(FILE * stream)	计算并输出中间数据以及污染等级和对各等级的可信度
computandOutputR(FILE * stream)	计算并输出污染综合评价值 $\tilde{R}_i$

（3）源程序，详见附录。

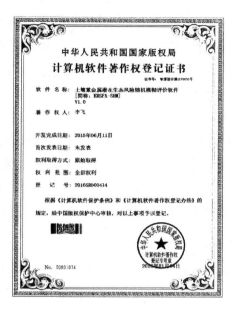

图 3.10 土壤重金属潜在生态风险随机模糊评价软件 V1.0 的登记证书

3.5 小结

（1）研究将所建立的基于重金属生物毒性双权重的城镇土壤重金属污染的随机模糊评价模型作为健康风险评价前的初步风险识别工具，经过实例验证，所建模型可有效地从 5 种待评价重金属中筛选出潜在风险重金属，在良好不确定性控制下的初步风险识别可有效地明确后续健康风险评价的重点，也将大幅度降低后续风险评价与管理的工作量，为高效的风险管理体系提供科学支撑。

（2）基于重金属生物毒性双权重的城镇土壤重金属污染的随机模糊评价模型更适用于贫样本、低精度样本等情况，其可集成更多土壤环境信息，并可将模糊运算转化为实数间运算，运算效率高于单纯的模糊评价法，其可同时得出评价区域各重金属风险指数的可能值区间及其隶属于各污染等级的概率水平，如此可以更好地辅助决策者识别出潜在风险重金属和了解重金属污染的可能变化趋势，同时，基于3S技术对评价结果进行了可视化表征，这有效降低了由于重金属的空间异质性带来的数据空间描述上的不确定性；与确定性评价方法相比，能够更真实、全面地展现土壤中重金属的真实污染状态。

（3）采用所建随机模糊评价模型评价了先导区土壤中重金属污染现状，结果表明，土壤中各重金属的综合污染程度由高到低依次为：Cd（严重污染等级）>Cu（中度污染水平）>Pb（中度污染水平）>Cr（偏中污染等级）>Zn（清洁污染等级），故建议将Cd作为潜在风险重金属，此结果略不同于确定性评价结果，其原因主要是各重金属生物毒性双权重系数模糊值（$\widetilde{\Omega}$）的差异，通过与确定性评价结果的对比分析验证了所建模型有更高分辨力，更易于识别出高富集、毒性大和活性强的风险重金属。

（4）为了提高所建模型的可推广性，利用计算机语言将所建模型软件化，开发了土壤重金属潜在生态风险随机模糊评价软件 V1.0（ERSFA-SHM_V1.0）。该软件的开发成功大大提高了所建模型的评价效率，提高了所建评价方法的可操作性和可推广性，为工程使用人员的后期研究分析工作提供了智能支持。

（5）所建随机模糊评价模型预留了关心受体耐受级别（F）此类可选择参数，提高了评价模型的可拓展性，但模型中还存在一些不足，例如该模型中暂时没有考虑到重金属剂量-人体生化反应间的直接毒理效应，建议需要进一步结合可信的重金属-人体毒理参数资料进行潜在风险重金属的补充识别等。

参 考 文 献

[1]Li WX, Zhang XX, Wu B, et al. A comparative analysis of environmental

quality assessment method for heavy metal-contaminated soils. Pedosphere, 2008, 18(3): 344-352.

[2]陆书玉, 栾胜基, 朱坦, 等. 环境影响评价. 北京: 高等教育出版社, 2001, 157-169.

[3] Muller G. Index of geoaccumlation in sediments of the Rhine river. Geojournal, 1969, 2(3): 108-118.

[4] Hakanson L. An ecology risk index for squatic pollution control: A sedimentological approach. Water Research, 1980, 14(8): 975-1001.

[5]祝慧娜, 袁兴中, 曾光明, 等. 基于区间数的河流水环境健康风险模糊综合评价模型. 环境科学学报, 2009, 29(7): 1527-1533.

[6]李飞, 黄瑾辉, 李雪, 等. 基于随机模糊理论的土壤重金属潜在生态风险评价及溯源分析. 环境科学学报, 2015, 35(4): 1233-1240.

[7]金菊良, 吴开亚, 李如忠. 水环境风险评价的随机模拟与三角模糊数耦合模型. 水利学报, 2008, 39(11): 1257-1261.

[8]李如忠. 基于不确定信息的城市水源水环境健康风险评价. 水利学报, 2007, 38(8): 895-900.

[9]Ocampo-Duque W, Ferré-Huguet N, Domingo JL, et al. Assessing water quality in rivers with fuzzy inference systems: a case study. Environment International, 2006, 32(6): 733-742.

[10]李飞, 黄瑾辉, 曾光明, 等. 基于梯形模糊数的沉积物重金属污染风险评价模型与实例研究. 环境科学, 2012, 33(7): 2352-2358.

[11]Promentilla MAB, Furuichi T, Ishii K, et al. A fuzzy analytic network process for multi-criteria evaluation of contaminated site remedial countermeasures. Journal of Environmental Management, 2008, 88 (3): 479-495.

[12]Pan NF. Fuzzy AHP approach for selecting the suitable bridge construction method. Automation in Construction, 2008, 17(8): 958-965.

[13]Giachetti RE, Young RE. Analysis of the error in the standard

approximation used for multiplication of triangular and trapezoidal fuzzy numbers and the development of a new approximation. Fuzzy Sets and Systems，1997，91（1）：1-13.

[14]曾文艺，罗承忠，肉孜阿吉．区间数的综合决策模型．系统工程理论与实践，1997，11：48-50.

[15]Han JW，Kamber M. Data mining：concept and techniques，Second Edition. California：Morgan Kaufmann，2006，14-60.

[16]张利田，卜庆杰，杨桂华，等．环境科学领域学术论文中常用数理统计方法的正确使用问题．环境学科学报，2007，27（1）：171-173.

[17]王文胜，金菊良，李跃清，等．水文水资源随机模拟技术．成都：四川大学出版社，2007.

[18]秦鱼生，喻华，冯文强，等．成都平原北部水稻土重金属含量状况及其潜在生态风险评价．生态学报，2013，33（19）：6335-6344.

[19]侯千，马建华，王晓云，等．开封市幼儿园土壤重金属生物活性及潜在生态风险．环境化学，2011，32（6）：1764-1771.

[20]陈静生，王忠，刘玉机．水体金属污染潜在危害：应用沉积学方法评价．环境科技，1989，9（1）：16-25.

[21]徐争启，倪师军，庹先国，等．潜在生态危害指数法评价中重金属毒性系数计算．环境科学与技术，2008，31（2）：112-115.

[22]林亲铁，朱伟浩，陈志良，等．土壤重金属的形态分析及生物有效性研究进展．广东工业大学学报，2013，30（2）：113-118.

[23]雷鸣．廖柏寒，秦普丰．土壤重金属化学形态的生物可利用性评价．生态环境，2007，16（5）：1551-1556.

[24]Tessier A，Campbell PGC，Bisson M. Sequential extraction procedure for the speciation of particulate trace metals. Analytical Chemistry，1979，51（7）：844-851.

[25]Zhu H，Yuan X，Zeng G，et al. Ecological risk assessment of heavy metals in sediments of Xiawan harbor based on Modified potential

ecological risk index. Transactions of Nonferrous Metals Society of China，2012，22：1470-1477.

[26] 王鹏，贾学秀，涂明，等．北京某道路外侧土壤重金属形态特征与污染评价．环境科学与技术，2012，35(6)：165-172.

[27] 崔邢涛，王学求，栾文楼．河北中南部平原土壤重金属元素存在形态及生物有效性分析．中国地质，2015，42(2)：655-663.

[28] 彭克明．农业化学．北京：中国农业出版社，1980，1-98.

[29] 朱桂芬，张春燕，王学锋，等．新乡市自来水自备水源地土壤中重金属的形态研究．土壤通报，2008，39(1)：125-128.

[30] 李飞，黄瑾辉，曾光明，等．基于三角模糊数和重金属化学形态的土壤重金属污染综合评价模型．环境科学学报，2012，32(2)：432-439.

[31] 潘佑民，杨国治．湖南土壤背景值及研究方法．北京：中国环境科学出版社，1988.

[32] 李飞，黄瑾辉，曾光明，等．基于梯形模糊数的沉积物重金属污染风险评价模型与实例研究．环境科学，2012，33(7)：2352-2358.

第4章 3S 技术下的城镇土壤中重金属的层次健康风险评价研究

城镇土壤中重金属的健康风险评价是其风险管理的前提，可为风险管理提供优先控制污染物和优先控制区域等关键信息。近年来，很多学者对世界各地的不同城镇土壤、灰尘、地表水等环境介质中的有毒化学品进行了环境健康风险评价，并给出了相对应的环境风险管理建议，编著者也参与了多项环境健康风险评价的工程项目，综合文献研究和实践经验[1-4]可知，现城镇土壤环境健康风险评价方法与体系还存在以下不足：(1)首先现常用的经典健康风险评价模型缺乏对土壤重金属的化学赋存形态的考虑，而重金属的化学赋存形态与其在土壤中的生物可利用和迁移性关系密切，此不足很可能是评价中重要的模型不确定性来源；(2)暴露风险评价模型常由于缺乏实地受体暴露数据而设置的过于保守，如此虽可达到严格风险管理的目的，但高投入与其收效显然不成正比，易导致过度、低效管理；(3)现多数环境健康风险评价研究与实践中常常忽略了一个原则性问题的影响，就是"没有受体暴露，就没有健康风险"，这样以来健康风险评价的结果便失去了实际意义，只能误导决策者；(4)现研究与实践中根据健康风险评价结果拟定出的区域风险管理策略较为单一且可行性较低，不能满足在成本-收益考量下高效的环境风险管理要求，过度管理的可能性很大，这显然也降低了评价结论在国内外相关决策中的参考价值，也不能满足像我国一样的发展中国家社会经济可持续发展的现实需要。基于上述不足，研究提出以下四点重要的问题：(1)如何科学地将重金属的生物可利用性与总量风险评价模型有机地结合起来？(2)如何科学而高效地设置目标受体的暴露风险评价模型？(3)如何将区域可能的暴露风险与其可能的受体分布密度关联起来？(4)如何能科学地提出在一定的预算下兼具灵活性、可行性的风险管理策略？

根据本书前几章的研究结果和文献经验，研究围绕上述四个问题拟定了下述"层次健康风险评价方法"的优化解决方案，详见图4.1。以先导区土壤环境重金属的污染格局研究内容(第二章)和基于城镇土壤重金属污染的随机模糊评价模型的初步风险识别结果(第三章)为基础，进一步对拟定的层次健康风险评价方法进行实例研究，并通过和经典健康评价结果的对比分析验证其科学性和可行性，详细分析见下述章节。

4.1 不同土地利用方式下城镇土壤的健康风险评价流程

参考《污染场地风险评价技术导则(HJ 25.3-2014)》(后面均简称为《导则》)的风险评价流程设置，本节按照危害识别、受体暴露概念模型的建立和不同土地利用方式下健康风险评价模型的建立这三个步骤来逐一叙述。

4.1.1 危害识别

根据基于重金属生物毒性双权重的城镇土壤重金属污染的随机模糊评价模型的评价结果可以初步筛选出潜在风险重金属，其主要考量的因素是重金属富集水平的高低和生物可利用性的高低(详见第三章叙述)。但鉴于其初步识别过程中缺少对重金属剂量-人体的直接毒性参数的考量，故研究将第三章结论与《导则》、US EPA 的重金属毒性数据库(Integrated Risk Information System，IRIS)相关联，以避免出现漏评富集度相对低或生物可利用性相对低，但对可能受体(儿童、成人和特殊职

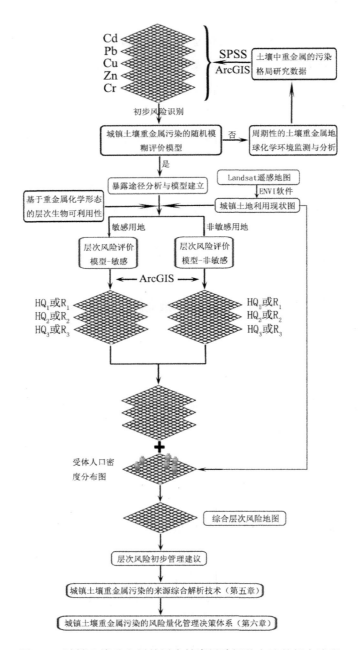

图 4.1　城镇土壤重金属的层次健康风险评价方法的拟定流程

业受体等)造成强非致癌效应的重金属。为降低评价过程中的参数不确定性，研究涉及的 5 种重金属的毒性参数的选择原则是：以我国《导则》推荐参数为首选，如《导则》中没有相关规定则参考 US EPA 的相关规定。为方便进行实例研究的对比分析，故本次研究中仅计算各重金属的非致癌风险，各重金属非致癌毒性参数见表 4.1，其中黑体突出显示的参数值为《导则》中的推荐参数值。

表 4.1 　　　　　　　　　重金属污染物非致癌毒性参数 　　　（mg/(kg·d)）

	Cu	Zn	Pb	Cd	Cr
RfD_o	**4.00E-02**	**3.00E-01**	3.50E-03	**1.00E-03**	**3.00E-03**
RfD_d	1.20E-02	6.00E-02	5.25E-04	**2.50E-05**	1.5E+00
RfD_i	**4.02E-02**	**3.00E-01**	3.52E-03	**2.55E-06**	2.90E-05

由表 4.1 可知，除了本书第二章中已确定的潜在风险重金属 Cd 以外，Pb 的经口摄入途径、皮肤接触途径和呼吸途、Cr 的呼吸途径和经口摄入途径的非致癌参考摄入剂量推荐值较低，易造成非致癌风险，加之考虑到随机模糊评价结果为：Cd>Cu>Pb>Cr>Zn，故最终识别 Cd、Pb 和 Cr 为潜在优先污染物，并进行进一步的层次健康风险评价研究。研究为了验证初步风险识别结论的可行性，后续章节实际计算了全部 5 种重金属的非致癌风险。

4.1.2 受体暴露概念模型的建立

建立暴露概念模型其实是为了更清晰、更直观地表征区域内污染物以何种介质、通过何种途径到达或接触各种暴露情景(生活或工作)下的受体。[5-6]通过建立暴露模型，并确定研究区目标受体的可能暴露途径，从而建立城镇土壤中优先污染物的暴露风险评价模型，并选择合适的参数进行评价计算。

借鉴《导则》中的污染场地土壤重金属健康风险暴露途径设置，其中规定了 6 种土壤重金属对目标受体主要暴露途径和对应的暴露评价模型，包括经口摄入、皮肤接触、呼吸吸入灰尘、吸入室内空气中来自表层土壤的气态污染物、吸入室外空气中来自下层土壤的气态污染物、吸入室内空气中来自下层土壤的气态污染物六种土壤污染物暴露途径。结合对先导区土壤重金属污染相关历史资料的搜集与分析和实地调查，并鉴于本次研究中的 5 种重金属没有挥发性。因此，根据综合分析建立了先导区土壤环境重金属的迁移暴露概念模型，并确定敏感和非敏感用地方式下可能的暴露途径为：

（1）经口摄入土壤途径；

（2）皮肤接触土壤途径；

（3）吸入土壤颗粒途径。

先导区土壤重金属对受体的暴露概念模型见图 4.2。

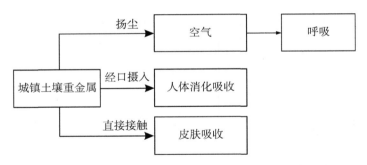

图 4.2　关于城镇土壤重金属的受体暴露概念模型

4.1.3　不同土地利用方式下健康风险评价模型的建立

根据图 4.2 所示，下一步就是建立城镇特征情境下的健康风险评价模型，如何科学而高效地建立目标受体的暴露风险评价模型成为研究的难点之一。由于不同的用地方式下，居民的生活、工作方式有很大差异，暴露于污染物的频率、周期以及暴露途径等影响暴露量的因素均不相同。《导则》将污染场地划分为两种用地方式：（1）以住宅用地为代表的敏感用地：具体指普通住宅、公寓、别墅用地以及其附属设施用地，也包括科教文卫、公共设施用地，如普通学校、医院、公园、绿地等；(2)以工业用地为代表的非敏感用地：具体是指工业生产车间、工业生产附属设施用地、物资储备、中转场所等，也包括商业、服务业和商场、超市等批发(零售)用地及其附属用地，酒店、餐厅等住宿餐饮用地，金融活动场所等商务用地、洗车场、展览场馆、加油站等其他商服用地。敏感用地方式下，儿童和成人均可能会长时间暴露于场地污染而产生健康危害。对于非致癌效应，儿童体重较轻、暴露量较高，一般根据儿童期暴露来评价污染物的非致癌危害效应。

因此，鉴于城镇的土地利用方式跟其居民分布特征、活动强度等有密切关系，在本书第二章也证明了先导区土壤中重金属含量、土地利用方式与对应的人类活动有密切关联(尤其对于 Cr)，参考《导则》上述关于用地方式的定义，根据图 2.6 可知先导区土地利用方式的空间差异性较大，既有敏感用地，又有非敏感用地，故研究同时设置了敏感用地、非敏感用地两种用地方式下土壤重金属的暴露情景及其对应的暴露评价模型。基于《导则》关于用地类型的分类原则，采用不同的暴露剂量计算模型，最后借助于反距离权重插值法对评价结果进行空间表征分析，以期提高健康风险评价的可信水平和评价结果的准确程度，尽量降低过度治理发生的可能性。

4.1.3.1　敏感用地下土壤重金属的暴露评价模型

针对 3 种可能的暴露途径，参考《导则》对应内容，建立敏感用地方式下土壤中重金属污染物非致癌效应下土壤暴露剂量评价模型，如下：

(1)经口摄入土壤非致癌土壤暴露剂量评价模型：

$$OISER_{nc} = \frac{OSIR_c \times ED_c \times EF_c \times ABS_o}{BW_c \times AT_{nc}} \times 10^{-6} \qquad (4.1)$$

(2)经皮肤摄入土壤非致癌土壤暴露剂量评价模型：

$$DCSER_{nc} = \frac{SAE_c \times SSAR_c \times ED_c \times EF_c \times E_v \times ABS_d}{BW_c \times AT_{nc}} \times 10^{-6} \qquad (4.2)$$

其中，$SAE_c = 239 \times H_c^{0.417} \times BW_c^{0.517} \times SER_c$。

(3) 经呼吸吸入土壤颗粒物非致癌土壤暴露剂量评价模型：

$$PISER_{nc} = \frac{PM_{10} \times DAIR_c \times ED_c \times PIAF \times (fspo \times EFO_e + fspi \times EFI_c)}{BW_c \times AT_{nc}} \times 10^{-6}$$

$$(4.3)$$

上述计算模型参数的含义及取值见表 4.2。

4.1.3.2　非敏感用地下土壤重金属的暴露评价模型

针对 3 种可能的暴露途径，参考《导则》对应内容，建立非敏感用地方式下土壤中重金属污染物非致癌效应下土壤暴露剂量评价模型，如下：

(1) 经口摄入土壤非致癌土壤暴露剂量评价模型：

$$OISER_{nc} = \frac{OSIR_a \times ED_a \times EF_a \times ABS_o}{BW_a \times AT_{nc}} \times 10^{-6} \qquad (4.4)$$

(2) 经皮肤摄入土壤非致癌土壤暴露剂量评价模型：

$$DCSER_{nc} = \frac{SAE_a \times SSAR_a \times ED_a \times EF_a \times E_v \times ABS_d}{BW_a \times AT_{nc}} \times 10^{-6} \qquad (4.5)$$

其中，$SAE_a = 239 \times H_a^{0.417} \times BW_a^{0.517} \times SER_a$。

(3) 经呼吸摄入土壤颗粒物非致癌土壤暴露剂量评价模型：

$$PISER_{nc} = \frac{PM_{10} \times DAIR_a \times ED_a \times PIAF \times (fspo \times EFO_a + fspi \times EFI_a)}{BW_a \times AT_{nc}} \times 10^{-6}$$

$$(4.6)$$

上述计算模型参数的含义及取值见表 4.2。

4.1.3.3　敏感/非敏感用地下的土壤重金属污染物危害商评价模型

(1) 经口摄入土壤重金属的危害商评价模型：

$$HQ_{ois} = \frac{OISER_{nc} \times C_{sur}}{RfD_o \times SAF} \tag{4.7}$$

（2）经皮肤摄入土壤重金属的危害商评价模型：

$$HQ_{dcs} = \frac{DCSER_{nc} \times C_{sur}}{RfD_d \times SAF} \tag{4.8}$$

其中，$RfD_d = RfD_o \times ABS_{gi}$。

（3）经呼吸摄入土壤重金属的危害商评价模型：

$$HQ_{pis} = \frac{PISER_{nc} \times C_{sur}}{RfD_i \times SAF} \tag{4.9}$$

其中，$RfD_i = \dfrac{RfC \times DAIR_a}{BW_a}$。

（4）单一污染物经由所有暴露途径的总危害指数评价模型：

$$HI = HQ_{ois} + HQ_{dcs} + HQ_{pis} \tag{4.10}$$

上述计算模型参数的含义及取值见表 4.2。

表 4.2　城镇土壤重金属健康风险评价模型中的相关参数含义及取值

参数名称		参数含义	参数取值
C_{sur}		表层土中重金属污染物的浓度（mg/kg）	实验得出
AT_{nc}	敏感用地	敏感用地方式下，非致癌效应平均时间（d）	2190
	非敏感用地	非敏感用地方式下，非致癌效应平均时间（d）	9125
ABS_o		经口摄入吸收效率因子，默认 1，可根据具体污染特性而定	1
ABS_d		皮肤接触吸收效率因子（无量纲）	0.001
BW_a		成人体重（kg）	56.8
BW_c		儿童体重（kg）	15.9
H_a		成人平均身高（cm）	156.3
H_c		儿童平均身高（cm）	99.4
ED_a		非敏感用地方式下（成人暴露期（年）	25

续表

参数名称	参数含义	参数取值
ED_c	儿童暴露期(年)	6
EF_a	非敏感用地方式下,成人暴露频率(天/年)	250
EF_c	儿童暴露频率(天/年)	350
$OSIR_a$	成人每日摄入土量(mg/d)	100
$OSIR_c$	儿童每日摄入土量(mg/d)	200
SAF	暴露于土壤的参考剂量分配系数(无量纲)	0.2
SER_a	非敏感用地方式下,成人暴露皮肤所占面积比(无量纲)	0.18
SER_c	儿童暴露皮肤所占面积比(无量纲)	0.36
$SSAR_a$	非敏感用地方式下,成人皮肤表面土壤年粘附系数(mg/cm^2)	0.2
$SSAR_c$	儿童皮肤表面土壤年粘附系数(mg/cm^2)	0.2
$DAIR_a$	成人日空气呼吸量(m^3/d)	14.5
$DAIR_c$	儿童日空气呼吸量(m^3/d)	7.5
EFO_a	非敏感用地方式下,成人的室外暴露频率(d/a)	62.5
EFO_c	儿童的室外暴露频率(d/a)	87.5
EFI_a	非敏感用地方式下,成人的室内暴露频率(d/a)	187.5
EFI_c	儿童的室内暴露频率(d/a)	262.5
E_v	每日皮肤接触事件频率(次/d)	1
PM_{10}	空气中可吸入悬浮颗粒物的含量(mg/m^3)	0.15
$PLAF$	吸入土壤颗粒物在体内滞留比例(无量纲)	0.75
$fspo$	室外空气中来自土壤颗粒物所占比例(无量纲)	0.5
$fspi$	室内空气中来自土壤颗粒物所占比例(无量纲)	0.8
$OISER_{nc}$	经口摄入途径的土壤暴露量(非致癌效应)(kg/(kg·d))	计算得出
ABS_{gi}	消化道吸收效率因子(无量纲)	《导则》
RfD_o	经口摄入参考剂量(mg/(kg·d))	《导则》

续表

参数名称	参数含义	参数取值
RfC	呼吸吸入参考浓度(mg/m^3)	《导则》
SAE_c	儿童暴露皮肤表面积(cm^2)	计算得出
SAE_a	成人暴露皮肤表面积(cm^2)	计算得出
$DCSER_{nc}$	皮肤接触途径土壤暴露量(非致癌效应)($kg/(kg \cdot d)$)	计算得出
RfD_d	皮肤接触参考剂量($mg/(kg \cdot d)$)	计算得出
$PISER_{nc}$	吸入土壤颗粒物的土壤暴露量(非致癌效应)($kg/(kg \cdot d)$)	计算得出
RfD_i	呼吸吸入参考剂量($mg/(kg \cdot d)$)	计算得出
HQ_{ois}	经口摄入土壤重金属的危害商(无量纲)	计算得出
HQ_{dcs}	经皮肤接触摄入土壤重金属的危害商(无量纲)	计算得出
HQ_{pis}	经呼吸吸入摄入土壤重金属的危害商(无量纲)	计算得出

4.2 城镇土壤重金属的层次健康风险评价模型的构建

研究所要建立的城镇土壤重金属的层次风险评价模型主要是为了解决前述四个关键的问题：(1)如何科学地将重金属的生物可利用性与总量风险评价模型有机地结合起来？(2)如何科学而高效的设置目标受体的暴露风险评价模型？(3)如何将区域可能的暴露风险与其可能的受体分布密度联系起来？(4)如何能科学地提出在一定的预算下兼具灵活性、可行性的风险管理策略？下面对应上述四个关键问题将进行具体的改进技术构建和实例研究。

4.2.1 基于层次生物可利用性的土壤重金属浓度参数的建立

重金属化学形态的组成特征可良好地反映土壤重金属的可迁移性和

生物可利用性,[7-8]那么如何科学地将重金属的生物可利用性与经典的总量风险评价模型有机地结合起来就成了亟需解决的问题。

　　风险评价代码(Risk Assessment Code，RAC)通过以可交换态和碳酸盐结合态存在的重金属含量对其总含量的百分贡献率来评价土壤中重金属的可利用性。[9-10]并基于风险评价代码值可将重金属不同的化学形态组成对应不同的风险程度。根据风险评价代码风险分级规则(见表4.3)，对任一种重金属，当其可交换态和碳酸盐结合态的占比总和小于 1%时，可认定该重金属对环境是安全的；当可交换态和碳酸盐结合态的占比总和超过 50%时，则认为该重金属具有极高的环境风险，且易进入食物链。

表 4.3　　　　　基于风险评价代码的土壤重金属风险分级

风险等级	碳酸盐结合态与可交换态占比（%）
无风险	<1
低风险	1-10
中等风险	11-30
高风险	31-50
极高风险	> 50

　　根据图 2.7—图 2.12 可知，52 个采样点中 Cd、Pb、Zn、Cr 和 Cu 的平均 RAC 分别为 19.7%、13.0%、6%、3.0%和 2.0%，故其 RAC 平均值分别属于中等风险等级、中等风险等级、低风险等级、低风险等级和低风险等级。从 5 种重金属 RAC 平均值的排序可知，第三章随机模糊评价中虽然 Pb 的单因素指数比 Zn、Cu 和 Cr 都小，但最终确与 Cu 共同被识别为重度污染水平，确实其中一个原因就是土壤中以 S1+S2 形态存在的 Pb 含量较高，侧面证明了所建随机模糊评价模型的良好分辨力。但是对于 Cu 和 Pb 来说，其自身的生物毒性权重是一样的(均为 5)，根据表 3.13 可知 Cu 和 Pb 的单因素指数也很接近，为何 Pb 在

RAC 值是 Cu 的 RAC 值 6.5 倍的情况下而被与 Cu 分在了同一个污染等级？根据 3.1.3.2 节的土壤重金属化学形态分析来看，RAC 法虽然在一定程度上表征了重金属的生物可利用性，但其仅仅考虑了可交换态和碳酸盐结合态的贡献显然还是不够全面。在近年人为活动强度不断增强的背景下，土壤生态系统及其存在环境发生着相对快速的变化（如氧化还原电位变化、土壤有机质含量变化、外界气候变化等），这都可能导致以铁锰氧化态和有机络合态存在的重金属逐渐释放。

根据第三章可知，土壤环境中重金属的迁移性、生物可利用性和生态毒性不仅仅与土壤中重金属的总量有关系，更取决于其在土壤中的赋存形态。显然，具有更高生物可利用性和迁移性的重金属更容易通过各环境介质间的迁移转化而暴露于受体人群，并最后对受体人群带来健康风险。所以，在经典的土壤总量健康风险评价模型的基础上，如何科学地将重金属的生物可利用性与总量风险评价模型有机地、全面地结合起来就成为研究的难点之一。在本书第三章的研究基础上，根据现广泛使用的风险评价代码（RAC）的理论基础和现有文献研究基础，[11]研究基于 Tessier 五步提取法而构建了可分层次量化表征重金属化学形态与其生物可利用性之间关系的重金属层次生物可利用性权重系数，其计算公式如下：

$$C_{Bio} = C_i \times (f_{S1} + f_{S2}) \qquad (4.11)$$

$$C_{Pbio} = C_i \times (f_{S3} + f_{S4}) \qquad (4.12)$$

$$C_{Nbio} = C_i \times f_{S5} \qquad (4.13)$$

其中，f_{S1}，f_{S2}，f_{S3}，f_{S4} 和 f_{S5} 分别指重金属可交换态、碳酸盐结合态、铁锰氧化态、有机络合态和残渣态对其总含量的百分贡献率；C_{Bio}，C_{Pbio} 和 C_{Nbio} 则分别指土壤中生物可利用性重金属含量、潜在生物可利用性重金属含量和生物不可利用性重金属含量，mg/kg。将"基于层次生物可利用性的土壤重金属浓度参数"嵌入经典的健康风险评价模型，分别利用 C_{Bio}，C_{Pbio} 和 C_{Nbio} 代替单独的 C_{sur} 构建了基于重金属生物可利用性的城镇土壤环境重金属污染的层次风险评价模型。

4.2.2　3S 技术下目标受体健康风险评价模型的优选

如何科学而高效地设置目标受体的暴露风险评价模型？首先，在 4.1.3 章节已经将目标受体的暴露风险评价模型分为对应于敏感用地和非敏感用地的两类，故问题就转移为怎么高效识别城镇区域的用地方式并采用对应的风险评价模型。图 4.3 是先导区的详细土地利用现状图，[12] 由此图可知整个先导区土地利用方式的空间差异较显著。同时，鉴于不同的用地方式下居民的生活方式有较大差异，暴露于污染物的频率、周期以及暴露途径等影响受体暴露剂量的因素均不相同，故认为应根据不同土地利用方式构建对应的暴露剂量计算模型。

借鉴本书 4.1.3 章节《导则》关于土地利用方式的分类标准，建议初步将 F1—F25 归为敏感用地采样点，而 W1—W12 为非敏感用地采样点。当然，在上述分类中研究考虑到农地（F1—F25）与食物链的密切关系和其与农业人群受体暴露的密切关系，故设为敏感用地类型；林地（W1—W12）区域的受体密度相对较低且受体暴露概率也较低，故设为非敏感用地类型；而对于建设用地来说，其中 U3、U4、U5、U8、U9、U10、U11 和 U14 主要用地方式为居民区、学校、公园和城市绿地，故设为敏感用地类型，而 U1、U2、U6、U7、U12、U13 和 U15 主要为工商业服务用地、工业生产附属设施用地、办公场所，故设为非敏感用地类型。基于上述分类结果，研究分别采用对应的敏感或非敏感用地下的健康风险评价模型进行评价研究，评价结果见本书 4.3 章节。

4.2.3　3S 技术下城镇的可能受体分布密度信息的解译

"没有受体暴露，就没有健康风险"，故必须设法将区域暴露风险与其可能的受体分布统一起来，否则健康风险评价结果便失去了实际意义，比如一块土地的土壤重金属污染很严重，这只能表明这块地可能对接触的受体产生风险，但如果这块地远离人群或只有稀少居民的情况下，大量风险管理预算的投入显然是不合理的、不公平的，相对于我国

图4.3 先导区的详细的土地利用现状及规划图

现实国情来说也是低效的、不可持续的。因此,将区域可能的暴露风险
与其可能的受体分布密度联系起来是健康风险评价结果是否有现实意义
的重要环节,其实这个问题本身并不是难点之所在,因为只要有大量的
财力与人力投入去进行区域的大范围野外调查即可,但在实践中这样的
预算投入往往是不会包含在风险评价报告预算范围之内的,因此如何科
学、经济地制作出城镇的可能受体分布密度图成为研究的另一个难点。

基于大量相关研究,[13-15]研究拟利用 2013 先导区的详细的土地利用现状图(见图 4.3)和长沙市 2014 的遥感地图(见图 2.4),借助土地利用方式和相应的受体人口分布的紧密关系,[3,7]拟将先导区分为了 4 类子区域,即高可能受体密度区域、中可能受体密度区域、低受体密度区域和其他稀少可能受体密度区域,结果见本书 4.3 章节。

综上,研究首先将"基于层次生物可利用性的土壤重金属浓度参数"嵌入经典的健康风险评价模型,而后利用先导区详细的土地利用现状图与规划图,分别建立了各采样点的风险评价模型(敏感或非敏感),而后基于各采样点层次风险评价结果,借助 3S 技术对评价结果进行可视化表征,并与制作出的先导区可能受体密度分布图进行叠图,最后尝试科学地提出在一定预算下兼具灵活性、可行性的城镇健康风险管理策略(整个工作步骤流程符合图 4.1 所示)。下面将以先导区土壤重金属污染为实例对提出的层次健康风险评价方法进行验证分析。

4.3   实例城镇研究

4.3.1   经典的健康风险评价模型下的实例评价

根据公式(4.1)—(4.13),首先先利用经典的总量健康风险评价模型对先导区土壤中的 5 种重金属进行了健康风险评价,并将敏感用地和非敏感用地下评价模型的评价结果列于表 4.4,其中粗体为敏感用地下模型的评价结果。

在实际应用中,由于往往缺少对城镇的详细土地利用现状的调查,评价中常常采用敏感用地下的风险评价结果以求达到最严格的风险识别和管理效果。由表 4.4 可知,Cu 和 Zn 不论是危害商数和危害综合指数最大值和平均值均未超过其对应的可接受风险水平;Pb 的经口摄入途径的危害商数和危害综合指数的最大值为 1.30 和 1.33(>1),而其危害商数和危害综合指数的平均值则都在可接受风险水平以内,故可知其风

表4.4　先导区土壤重金属的经典非致癌风险评价统计结果

项目		HQ_{ing}	HQ_{der}	HQ_{inh}	HI	HQ_{ing}	HQ_{der}	HQ_{inh}	HI
Cu	Max	1.14E-01	9.26E-04	3.47E-04	1.15E-01	1.14E-02	2.16E-04	1.35E-04	1.17E-02
	Min	1.56E-02	1.27E-04	4.75E-05	1.58E-02	1.56E-03	2.95E-05	1.84E-05	1.61E-03
	Mean	4.50E-02	3.66E-04	1.37E-04	4.55E-02	4.50E-03	8.53E-05	5.32E-05	4.64E-03
Zn	Max	1.49E-01	1.82E-03	4.54E-04	1.51E-01	1.49E-02	4.23E-04	1.76E-04	1.55E-02
	Min	5.81E-03	7.08E-05	1.77E-05	5.90E-03	5.81E-04	1.65E-05	6.86E-06	6.04E-04
	Mean	2.81E-02	3.42E-04	8.56E-05	2.85E-02	2.81E-03	7.98E-05	3.32E-05	2.92E-03
Pb	Max	1.30E+00	2.12E-02	3.95E-03	1.33E+00	1.30E-01	4.93E-03	1.53E-03	1.37E-01
	Min	1.78E-01	2.89E-03	5.40E-04	1.81E-01	1.78E-02	6.75E-04	2.09E-04	1.87E-02
	Mean	5.14E-01	8.36E-03	1.56E-03	5.24E-01	5.14E-02	1.95E-03	6.04E-04	5.40E-02
Cd	Max	9.14E-01	8.91E-02	1.09E+00	2.10E+00	9.14E-02	2.08E-02	4.23E-01	5.36E-01
	Min	3.03E-03	2.95E-04	3.62E-03	6.94E-03	3.03E-04	6.88E-05	1.40E-03	1.77E-03
	Mean	1.85E-01	1.80E-02	2.21E-01	4.23E-01	1.85E-02	4.20E-03	8.56E-02	1.08E-01
Cr	Max	4.14E+00	2.02E-05	1.31E+00	5.44E+00	4.14E-01	4.71E-06	5.06E-01	9.20E-01
	Min	5.12E-01	2.50E-06	1.62E-01	6.74E-01	5.12E-02	5.83E-07	6.26E-02	1.14E-01
	Mean	1.73E+00	8.43E-06	5.45E-01	2.27E+00	1.73E-01	1.97E-06	2.11E-01	3.84E-01

险分布有较大的空间变异度，可能存在点污染；Cd 的经呼吸摄入途径的危害商数和危害综合指数的最大值为 1.09 和 2.1(>1)，而其危害商数和危害综合指数的平均值也都在可接受风险水平以内，此点与 Pb 较为相似；Cr 的风险结果则与第三章随机模糊结果有较大不同，其非致癌风险是研究中 5 种重金属中最高的，Cr 在经口和经呼吸途径的风险相对较高，其经口途径的危害商数和危害综合指数的平均值都超过了可接受风险水平。同时，根据表 4.4，非敏感用地下的先导区土壤健康风险评价结果虽然在 5 种重金属风险排序上跟敏感用地下结果一致外，但其各采样点的评价结果基本比敏感用地下评价结果低了一个数量级，并且非敏感用地下各采样点的风险评价结果均小于可接受风险水平，这也证明了如果不加入对区域土地利用方式的考量很可能高估整个区域的风险水平，并最终误导风险管理决策。综上，研究结果证明了第三章结论将 Cr、Pb 和 Cd 列为潜在优先中污染物的科学性，Cr、Pb 和 Cd 的主要风险暴露途径分别为经口和经呼吸摄入途径、经口摄入途径和经呼吸摄入途径。

4.3.2　基于层次健康风险评价模型下的实例评价与对比分析

根据图 4.1 所示的技术路线来评价先导区土壤重金属的空间层次健康风险，首先利用公式(4.1)—(4.6)计算得出 5 种重金属分别在敏感和非敏感用地下经口摄入途径、经皮肤接触途径和经呼吸吸入途径的暴露剂量，而后将 52 个采样点下 5 种重金属对应的层次生物可利用性的土壤重金属浓度参数(图 2.7—图 2.9 和公式(4.11)—(4.13))分别带入公式(4.7)—(4.10)，计算出敏感用地和非敏感用地下各采样点的层次非致癌风险值，由于数据量较大，加上 Cr、Pb 和 Cd 已被识别为潜在优先污染物，故下面只对 Cr、Pb 和 Cd 的区域层次非致癌风险进行研究分析，以验证所建城镇土壤重金属的层次健康风险评价方法的科学性和可行性。

为了逐步研究分析基于土地利用方式分类下的健康风险评价模型优选后的评价结果、基于层次健康风险评价方法下的评价结果与经典的健康风险评价模型评价结果三者之间的异同，将前两者的评价结果汇总于表4.5。由表4.5可知，先导区土壤潜在优先污染物 Cr、Pb 和 Cd 的危害商数和危害综合指数的平均值和最小值整体降低，而其最大值和主要风险暴露途径则均保持不变。上述结果说明了经过城镇土地利用方式分类下的评价模型优选后，评价结果保持了经典评价结果中关于敏感用地下土壤重金属健康风险的基本判断(表4.4)，而对于非敏感用地下的土壤重金属健康风险则进行了科学的"还原"，而不是盲目地提高风险识别的灵敏度，从而可为决策者提供更科学的参考。

同时，利用各采样点的层次评价结果和 ArcGIS 中的 IDW 插值法绘制了先导区土壤潜在优先污染物 Cr、Cd 和 Pb 的层次风险分布图组，详见图4.4—图4.6。每个潜在优先污染物的层次风险分布图组都包含5张风险分布图，其分别为：(1)基于土壤中重金属生物可利用含量的非致癌风险地图(HI_{Bio})；(2)基于土壤中重金属潜在生物可利用性含量的非致癌风险地图(HI_{Pbio})；(3)基于土壤中重金属生物不可利用含量的非致癌风险地图(HI_{Nbio})；(4)基于土壤中重金属生物可利用和潜在生物可利用性含量的非致癌风险地图($HI_{(B+Pbio)}$)；(5)基于土地利用方式分类后的土壤重金属总量的非致癌风险地图(HI)。

由图4.4—图4.6中的基于土壤中重金属总量的非致癌风险地图可知，Cr、Cd 和 Pb 的不可接受非致癌健康风险面积分别约占先导区总面积的78%、5%和2%。基于此，一般情况下将判断图示不可接受的非致癌风险区域应该被有关部门重视，并建议有关部门尽快采取针对性的土壤修复管理措施。但上述判断是否能给决策者提供全面的参考信息？约78%的先导区土壤中 Cr 应进行修复管理是否合理？尤其是在我国环境风险管理预算较为匮乏的前提下，这些问题可谓至关重要，下面将基于图4.5—图4.7对这些问题做深入实例讨论。

表 4.5 先导区土壤重金属的层次非致癌风险评价统计结果

项目		HQ_{ing}	HQ_{der}	HQ_{inh}	HI	HI_{Bio}	HI_{Pbio}	HI_{Nbio}
Cr	Max	**4.14E+00**	2.02E-05	**1.31E+00**	**5.44E+00**	4.98E-01	7.37E-01	5.22E+00
	Min	5.12E-02	5.83E-07	6.26E-02	1.14E-01	0.00E+00	6.51E-03	9.08E-02
	Mean	**1.15E+00**	6.03E-06	4.21E-01	**1.57E+00**	8.94E-02	2.60E-01	**1.22E+00**
Pb	Max	**1.30E+00**	2.12E-02	3.95E-03	1.33E+00	1.80E-01	6.06E-01	**7.00E-01**
	Min	1.78E-02	6.75E-04	2.09E-04	1.87E-02	0.00E+00	3.10E-03	5.22E-03
	Mean	3.58E-01	6.20E-03	1.24E-03	3.66E-01	4.60E-02	1.45E-01	1.75E-01
Cd	Max	9.14E-01	8.91E-02	**1.09E+00**	2.10E+00	4.86E-02	1.10E+00	**9.83E-01**
	Min	3.03E-04	6.88E-05	1.40E-03	1.77E-03	1.31E-04	0.00E+00	1.45E-03
	Mean	1.40E-01	1.43E-02	1.84E-01	3.38E-01	8.42E-02	7.05E-02	1.83E-01

根据图 4.4 中的 HI_{CrBio}、HI_{CrPbio} 和 HI_{CrNbio} 这三张图可知，对于 Cr 来说，其基于土壤中 Cr 生物可利用性含量的非致癌风险值和基于土壤中 Cr 潜在生物可利用性含量的非致癌风险值都低于可接受风险水平，而其基于土壤中 Cr 生物不可利用含量的非致癌风险值却超标明显，其超标面积大约占先导区的 50%。根据本书第 3.1.3 节中关于土壤中重金属的化学形态与其对应生物可利用性的理论回顾可知，残渣态指存在于石英、黏土矿物质等晶格里的重金属，一般情况下难于被植物所吸收，基本处于不能被生物利用的状态，因此以重金属总量计算得来的非致癌风险并不能全面地表征区域土壤中潜在生物可利用重金属的非致癌风险，由此推断决策者高估土壤重金属风险是大概率事件，并进一步会造成风险管理预算的低效使用。由 $HI_{Cr(B+Pbio)}$ 图可知，其兼顾生物可利用性重金属和潜在生物可利用性重金属的非致癌风险效应，同时排除了生物不可利用性重金属的非致癌风险效应，因此建议以图 $HI_{Cr(B+Pbio)}$ 作为辅助风险管理与决策的核心参考。由图 $HI_{Cr(B+Pbio)}$ 可知，先导区土壤中潜在生物可利用 Cr 的非致癌风险超标面积约为先导区总面积的 2%，这比总量评价结果面积缩减了 97%，超标区域主要分布在采样点 F2、F4、F7、F10、F12 和 F13 附近，而 $HI_{Cr(B+Pbio)}$ 值在 0.5—1 之间的潜在风险区域约占先导区总面积的 15%，并且主要也分布在超标采样点的附近。

根据图 4.5 中的 $HI_{Pb\,Bio}$、$HI_{Pb\,Pbio}$ 和 $HI_{Pb\,Nbio}$ 三张图可知，对于 Pb 来说，其基于土壤中 Pb 生物可利用性含量的非致癌风险值、基于土壤中 Pb 潜在生物可利用性含量的非致癌风险值和基于土壤中 Pb 生物不可利用含量的非致癌风险值均低于可接受非致癌风险水平。此外，根据图 $HI_{Pb(B+Pbio)}$ 可知，确实没有任何超标风险区域，但 $HI_{Pb(B+Pbio)}$ 值在 0.5—1 之间的潜在风险区域约占先导区总面积的 5%，主要分布在采样点 F2、U9、F6、F14 和 U14 的附近。

根据图 4.6 中的 $HI_{Cd\,Bio}$、$HI_{Cd\,Pbio}$ 和 $HI_{Cd\,Nbio}$ 三张图可知，对于 Cd 来说，其基于土壤中 Cd 生物可利用含量的非致癌风险值和基于土壤中 Cd 生物不可利用含量的非致癌风险值均低于可接受非致癌风险水平。而部分的基于土壤中 Cd 潜在生物可利用性含量的非致癌风险值超过了可接受非致癌风险水平，但其非致癌风险超标区域面积仅占先导区总面积的约 1%。此外，根据图 $HI_{Cd(B+Pbio)}$ 可知，Cd 的超标区域非常集中，仅分布在采样点 F2 附近，而 $HI_{Cd(B+Pbio)}$ 值在 0.5—1 之间的潜在风险区域约占先导区总面积的 5%，并且主要也分布在超标采样点的附近。

综上，依靠基于土壤中重金属总量的非致癌风险地图仅能给决策者提供非常有限的重金属健康风险信息，并且很可能高估整个区域的健康风险水平从而一定程度上误导决策者，并最终制定不科学且低效的风险管理措施，导致风险管理预算的浪费。根据实例研究结果的分析讨论表明应以图 $HI_{(B+Pbio)}$ 作为辅助风险管理与决策的核心参考，并辅以其他四张层次风险分布图组，如此能给决策者更科学、更全面的信息支撑。按照图 4.1，结合可能受体密度分布的先导区土壤中重金属非致癌风险的层次健康风险管理策略将在下一章节进行研究和探讨。

4.3.3　结合可能受体密度分布后的层次风险管理策略初步建议

利用 2013 先导区的详细的土地利用现状图（见图 4.3）和长沙市先导区 2014 的遥感地图（见图 2.4），借助土地利用方式和相应的受体人口分布的紧密关系[3,7]进一步将先导区整个区域划分为四类子区域，即高可能受体密度区域（主要包括城镇居住用地和公共设施用地）、中可能受体密度区域（主要包括村庄用地和城镇绿地、公园用地）、低受体密度区域（主要包括工业用地）和其他稀少可能受体密度区域，详见图 4.7。由图 4.7 可知，先导区的高、中可能受体密度区域主要分布于岳麓区、玉潭镇、高塘岭镇、雷锋镇和宁乡县等城镇建设区，人口空间分布相对不平衡，这也正说明在空间上将健康风险和其可能受体分布密度相关联是必要的，否则大量相关的治理和修复预算、工作将可能只符合很少的受体人群利益，易造成风险管理预算的低效和不公平使用。

环境健康风险评价中一个原则性问题就是"没有受体暴露，就没有健康风险"，故必须想法设法将区域暴露风险与其可能的受体分布统一

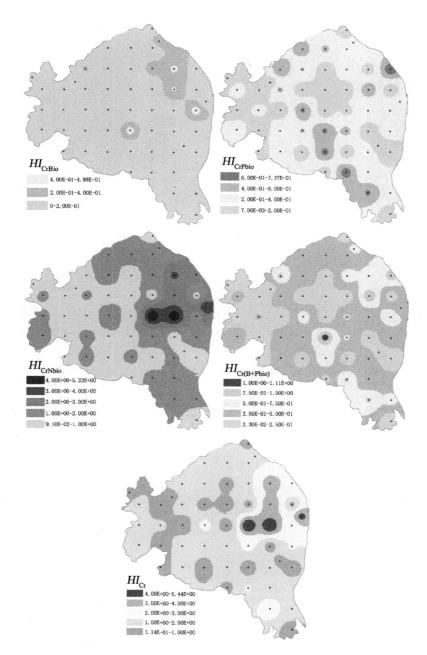

图 4.4 先导区土壤潜在优先污染物 Cr 的层次风险分布

159

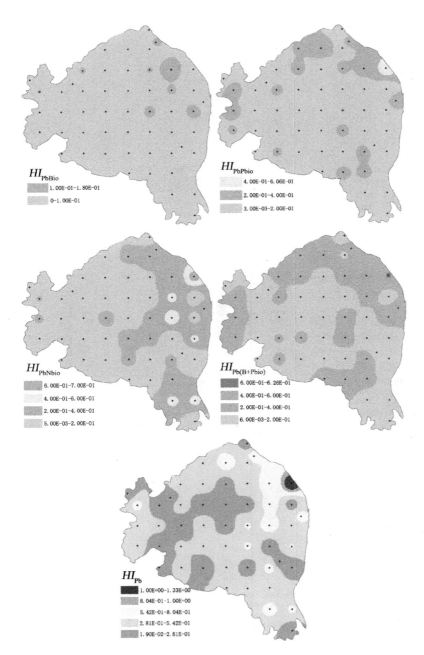

图 4.5 　先导区土壤潜在优先污染物 Pb 的层次风险分布

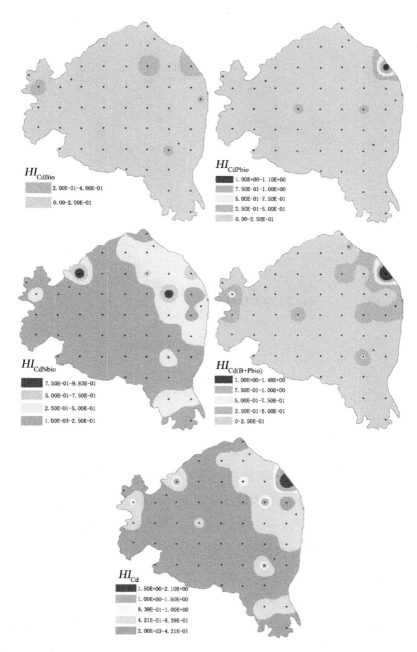

图 4.6　先导区土壤潜在优先污染物 Cd 的层次风险分布

图例
　低可能受体密度
　中等可能受体密度
　高可能受体密度

图 4.7　先导区的可能受体密度分布

起来，否则健康风险评价结果便失去了实际意义。故在 4.3.1—4.3.2 节的研究基础上，以图 $HI_{(B+Pbio)}$ 作为辅助城镇土壤重金属健康风险管理与决策的核心参考，将图 $HI_{(B+Pbio)}$ 中 $HI_{(B+Pbio)}$ 值大于可接受非致癌风险水平的超标区域划分为 A 级区域，同时将 $HI_{(B+Pbio)}$ 值在 0.5—1 之间的潜在风险区域划分为 B 级区域，最后利用 ArcGIS 软件将划分后的图 $HI_{(B+Pbio)}$ 和可能受体密度分布图（见图 4.7）进行叠图（Overlay process）操作得到先导区土壤重金属的综合层次健康风险地图，详见图 4.8—4.9。

　　根据图 4.8 可知，对于 Cr 来讲，其 A 级区域虽然存在，但显然该区域内可能的受体密度分布很低；而其 B 级区域的分布总面积较大，是其 A 级区域总面积的近百倍，但结合先导区的可能受体密度分布来讲，存在潜在风险的区域主要在先导区的东半部分，主要包括星城镇、部分高塘岭镇、坪塘镇、含浦镇和部分雷锋镇区域。对于 Pb，其暂时

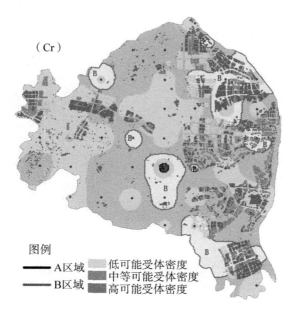

图 4.8   先导区土壤重金属 Cr 的综合层次健康风险地图

没有 A 级区域，且 B 级区域的面积相对 Cr 而言小得多，结合先导区的可能受体密度分布来讲，存在潜在风险的区域主要分布在星城镇和宁乡县。对于 Cd，其 A 级区域和 B 级区域的总面积相似，结合先导区的可能受体密度分布来讲，Cd 的 A 级和 B 级区域基本都与中、高可能受体分布密度相关联，其主要分布在星城镇和宁乡县，这与 Pb 相似。综上，根据先导区土壤重金属的综合层次健康风险地图（图 4.8—图 4.9）可以为决策者明确更具体的层次风险区域，同时，相比于经典的健康风险评价模型下的实例评价结果，清晰而具体的层次风险区域可辅助决策者高效地将风险管理预算优先投入在健康风险高、受体密度大的区域。

根据图 4.8—图 4.9，尝试提出层次风险管理策略的初步建议：首先，建议将 A 级区域内的中、高可能受体密度区域作为一级优先控制区域；将 A 级区域内的低可能受体密度区域和 B 级区域内的高、中可

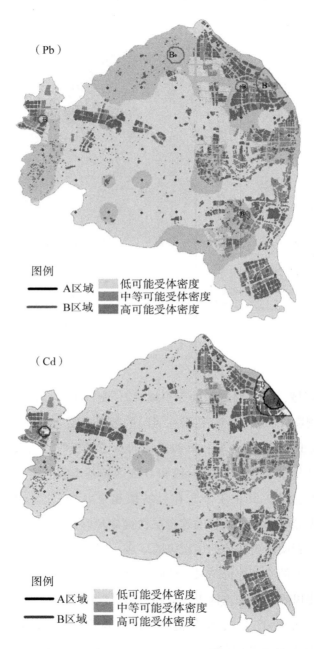

图 4.9　先导区土壤重金属 Pb、Cd 的综合层次健康风险地图

能受体密度区域为二级优先控制区域；B 级区域内的低可能受体密度区域为三级优先控制区域。针对上述三级优先控制区域建议采取不同程度的差异化风险管理措施：(1)对于一级优先控制区域，由于其区域土壤中的高重金属含量和强生物可利用性及其易通过可能途径暴露于高密度受体，故应获得优先的风险管理预算支持，并应尽快会同有关部门制定合理可行的土壤重金属修复管理方案；同时应将相关信息公开，并利用各种媒体手段向可能的暴露受体宣教相关的风险防范知识；(2)对于二级优先控制区域，其可能由于人群活动强度变化等因素而出现超标，因此建议对于二级优先控制区域采取适度控制和积极监控的管理策略；适度控制主要指采取相对慢性、低成本的土壤重金属修复技术对其风险进行稳固化处理，并通过污染物来源解析技术分析其污染物来源，进行源头控制，避免该区域内健康风险的增加；同时，应定期对该区域内土壤的重金属污染格局进行监控，积极获取该区域的最新土壤重金属相关信息；(3)对于三级优先控制区域来说，鉴于该区域内很低的可能受体密度，在风险管理预算有限的现实情况下，可以采取暂时搁置、限制土地利用功能和可能受体自身防护宣教相结合的手段，当然定期地监控、更新该区域土壤重金属的污染格局数据还是必要的(监测周期可适当调长、监测频率可适当调低)。上述城镇土壤重金属层次健康风险管理策略建议可以在有限的风险管理预算下"集中预算办要事"，并且与经典健康风险评价模型下的实例评价结果所需要的大范围土壤重金属修复管理工程量相比，层次健康风险管理策略在土壤重金属总量、生物可利用性和可能受体密度分布的信息综合下提出了更科学、目标更明确的层次优先控制区域，这样就为相关决策者做出更灵活、更可行的城镇土壤重金属健康风险管理决策提供了科学依据和关键技术支撑。同时，根据《中国土壤环境质量标准(GB15618—1995)》中 Cr 的标准限值设置，先导区 Cr 的平均含量远低于其二级标准限值，但却有较严重的人群健康风险，可见从保护城镇土壤重金属引起的人群健康风险的角度来说，该标准已经不能满足当下社会及公民对于健康保护的客观要求，故亟需有关部门尽快对其进行修订，并且建议制订出不同土地利用方式下分层次的城镇土壤重金属污染风险标准限值。研究将在本书第五章、第六章进行包括城镇土壤重金属风险来源综合识别、城镇土壤优先控制重金属的风险控制值计算等相关研究，并尝试架构一套科学、高效的城镇土壤重金属污染的风险量化管理决策体系，以期为有关部门提供全过程的实践经验和技术支持。

4.3.4　不确定性分析

目前被广泛接受的风险评价中的不确定性分为参数不确定性、模型不确定性和变异性 3 类，鉴于变异性随机偶然的特点，参数不确定性和模型不确定性为研究分析的重点。参数不确定性来源包括随机误差、系统误差、固有随机性与无法预测性误差、从属性与相关性误差、缺乏经验基础误差和专家分歧误差等。模型不确定性定义及其来源有：（1）模型结构，指不同科学技术上的假设都可以是建立模型的依据，不同假设必然带来差异性；（2）模型的复杂度，指模型在架构时为了易于应用于政策拟定、数值计算等而被简化，但简化的模型多数依赖经验公式而无法知道其真实的机制；（3）验证与模型的不确定性，指即使复杂模型结构正确也不代表能预测出正确的结果，尤其是在参数资料不足时，其中过多的假设反而会导致结果失真；（4）外推法，指已经被某一群参数集合验证为正确的模式可能并不适用于另一群参数集合来预测结果；（5）模型限制，指任何模型都有在时间上、空间上、污染物种类上、传输暴露途径上等等条件上的限制，另外，模式参数之间的相关性也会造成模式应用上的限制；（6）情景的不确定性，指来自在使用一个模型时，情景假设中未考虑到特定评价厂址所应包含的子情景，包含暴露途径情景、暴露行为情景等。不确定分析是健康风险评价中的重要步骤。通过实例验证，研究通过引入土壤重金属层次生物可利用性、区域的土地利用现状和区域可能受体密度的综合考量显著提高了评价结果的可信度，但其评价过程中仍然存在一定的不确定性，主要包括：（1）风险评价模型中受体人群的暴露参数、重金属毒性参数等部分模型参数来源于美国环保署的相关研究成果，这可能因东西方人种和环境的差异而造成评价结果被高估或低估，故建议在预算允许的情况下进行区域人群的流行病学调查研究和特征环境毒理学研究，并且此次评价中也没有考虑职业受体的暴露风险；(2)仅考虑了土壤中 5 种典型重金属的污染健康风险，其他重金属(如 As、Hg、Mn 和 Ni 等)和其对应的可能暴露风险也应被进一步考虑；(3)没有进行区域受体密度分布和其年龄层次分布的准确调查，如在预算允许下，准确的调查可以进一步加强对敏感受体的保护，并提高评价结论的全面性；(4)集中讨论了区域土壤重金属的空间风险分布，但仍缺乏时间序列上的风险研究，建议进一步对该区域进行长期、分时研究等；(5)验证所建方法的案例来源较少，虽然已成功将相关方法和模型应用于先导区地表灰尘中重金属的健康风险评价[13-14]等，但为了进一步提高所建方法和模型的认可度，应进一步选取更多个地区的样品进行反复验证和反馈修正。

下面将分参数不确定性、模型不确定性和情景不确定性三个方面来探讨通过何种技术手段和方法在未来可更好地降低风险评估中的不确定性，提高评价结果的可信度。

(1)参数不确定性控制建议。

在本研究中，已经初步考虑了在实验及实验数据信息处理中的参数不确定性，但鉴于人力物力限制，采样点数量有限，这造成了在绘制城镇土壤重金属的空间分布时，没有利用地统计学原理下常用的克里格插值技术，同时绘制城镇土壤分布图和其对应的可信度图。鉴于此，根据国内外研究的最新进展，地统计学的克里格插值法虽然被广泛应用于对土壤中重金属含量及其空间分析特征进行预测分析，但是克里格插值法具有一定的平滑效应，这使得在区域土壤重金属研究中，在某些重金属空间数据变化剧烈的区域，经过克里格插值法处理后的数据则变得"缓和"，甚至可能使分布图丢失掉重要的异常区信息。近年，空间随机模拟技术被提出来克服克里格法的不足，它将数据作为一个整体来复原其整体的空间结构，追求的是模拟的真实性，尽可能地接近正式的空间分布，不同于克里格法追求的是特征点位在某个属性的局部最优估值。常用的空间随机模拟技术有序贯高斯模拟方法（Sequential Gaussian Simulation，SGS）和序贯指示模拟方法（Sequential Indicator Simulation，SIS），[16]其中 SGS 主要根据现有数据计算待模拟点值的条件概率分布，从该分布中随机取一值作为模拟现实。每得出一个模拟值，就把它连同原始数据、此前得到的模拟数据一起作为条件数据，进入下一点的模拟。该方法比较简单、灵活和计算效率高，所以是条件高斯随机模拟中最常用的方法之一。SIS 的主要算法与序贯高斯模拟方法类似，其主要区别是在模拟前根据一定的阈值对原始数据进行重新赋值。同时，SIS 对原始数据的分布没有严格要求，而采用序贯高斯模拟方法进行空间不确定评价，用于评价的数据要符合多元高斯分布假设。但很多研究表明，土壤重金属含量的数据分布特征往往具有很大的变异系数和偏度值，不满足多元高斯分布，所以序贯高斯模拟方法会受到很多限制。这里指示变量是二元变量，仅取 0 或 1 两值来表示存在或不存在，如设 z_c 为阈值，这样原始数据 z 被划分为 2 部分，一部分为 $z(x) \leqslant z_c$，另一部分为 $z(x) > z_c$，并分别赋值为 1 和 0。这种转换特别适用于环境污染风险评价，通过设定合理的阈值 z_c，就可以将 1 个连续性的随机变量 z(x) 转化为 1 个指示函数。对这个指示函数而言，1 表示没有受到污染可以被接受，0 表示受到污染不能被接受。鉴于此，编著者开展了后续扩展研究，研究表明通过对于研究区域的格栅化处理和 SIS 模拟确实可达到更好地土壤空间数据及其不确定性表征的效果，详见文献[17]。

（2）模型不确定性控制建议。

根据风险暴露评价模型的来源可知该模型源于美国环保署，单从模型本身的设定上并不会造成很大的不确定性，本研究中模型不确定性来源主要为关键的毒理性公式的适应性和情景的不当设置引起，对于关键的毒理公式建议可以选取学界广泛认可的代表性模型，而后设计具体的本地实验做验证研究，然后根据验证对比的结果选取最合适的毒理模型。而对于情景的不当设置，编著者也在研究中进行了探索，研究结果表明由情景的不当设置造成的模型不确定对于评价结果可信度的影响确实超过了参数不确定性，并可能高达 3~4 个数量级，很可能误导相关决策者。因此，本研究中已经根据土壤利用方式来辅助优化了情景的设置，但在未来研究中建议，可以将区域栅格化为例如 200 m * 200 m 的网格，而后对不同土地利用类型的网格分区域进行调研，得到最真实的一手暴露参数资料，这样将进一步大幅度地提高健康风险评价的可信度。

（3）变异性控制建议。

变异性由于其自身随机偶然的特性，可以说是不可控的，但近年有学者采用 2 维蒙特卡洛方法同时对参数不确定性和其进行量化表征和研究，但暂时没有国际上通用的方法，需要进一步跟踪研究。

4.4　小结

（1）研究将土壤重金属的生物可利用性和总量健康风险评价模型有机地融合了起来，并根据 3S 技术下制作的先导区土地利用现状图基础分别建立了敏感和非敏感用地方式下的城镇土壤环境重金属污染的层次健康风险评价模型，并将区域层次健康风险评价结果与该区域可能的受体分布密度科学地关联在一起，最终形成了城镇土壤重金属的层次健康风险评价方法，经过实例验证，所建方法得出的综合层次健康风险地图可为相关决策者做出更灵活、更高效的城镇土壤重金属健康风险管理决策提供关键技术支撑和实践经验。

（2）采用经典的健康风险评价模型评价了先导区土壤中重金属的空间健康风险现状，结果表明，Cd、Pb 和 Cr 应做为先导区土壤中的优先控制重金属，其平均健康风险程度由高到低依次为：Cr>Pb>Cd，Cr 和 Pb 的最主要暴露途径为经口暴露途径，而 Cd 的最主要暴露途径为经呼吸暴露，并且对于 Cr、Cd 和 Pb 的不可接受非致癌健康风险面积分别约占先导区总面积的 78%、5% 和 2%。

（3）采用所建城镇土壤重金属的层次健康风险评价方法进行了同案例评价，结果表明，层次评价结果在对潜在优先污染物的风险排序和各重金属的主要暴露途径的判断上是一致的，但对比于经典的健康风险评价模型评价结果来说，融合了城镇土地利用现状信息、重金属生物可利用性信息和可能的受体分布密度信息后的层次风险评价结果将先导区土壤中潜在生物可利用 Cr 的非致癌风险超标面积在总量评价结果的超标面积上缩减了 97%，而后根据综合层次健康风险地图，创新地根据健康风险程度的高低将先导区分为一级、二级和三级优先控制区域，并有针对性地提出了在有限风险管理预算下的层次化风险管理建议，这将协助决策者制定出适应不同前提条件如不同国家国情等的高效风险管理策略，尤其对于发展中国家的风险管理工作有着极强的参考价值。

（4）所建层次健康风险评价方法在一定程度上解决了现城镇健康风险评价中重金属生物可利用性和总量的信息融合问题、目标受体健康风险评价模型的科学设置问题、健康风险与其可能的受体分布的关联问题和灵活而高效的风险管理策略的制定问题，但所建方法中仍存在一些不足，比如评价模型中的重金属毒性系数等部分参数源于国外研究成果，研究中假设研究区域内各受体的耐受度均一，即暂时没考虑到受体个体差异和职业受体暴露，故建议有关部门尽快开展相关区域的流行病学研究；评价涉及的土壤重金属污染物种类还不全面，还应进一步纳入 As、Hg、Mn 和 Ni 等重金属的评价数据，并且评价的时间序列还较短，建议定期更新区域土壤环境数据，在后续研究中将进一步就上述不足对所建方法进行优化改进。

参 考 文 献

[1] Luo X, Yu S, Zhu Y, et al. Trace metal contamination in urban soils of China. Science of the Total Environment, 2012, 421-422: 17-30.

[2] Chen J, Wang Z, Wu X, et al. Source and hazard identification of heavy metals in soils of Changsha based on TIN model and direct exposure method. Transactions of Nonferrous Metals Society of China, 2011, 21(3): 642-651.

[3] Gay JR, Korre A. A spatially-evaluated methodology for assessing risk to a population from contaminated land. Environmental Pollution, 2006, 142(2): 277-234.

[4] Luo X, Ding J, Xu B, et al. Incorporating bioaccessibility into human health risk assessments of heavy metals in urban park soils. Science of the Total Environment, 2012, 424: 88-96.

[5] Van Leeuwen CJ, Vermeire TG. Risk assessment of chemicals: An introduction, 2nd edition. Netherlands: Springer, 2007.

[6] 黄瑾辉, 李飞, 曾光明, 等. 多介质环境风险评价中模型的优选研究. 中国环境科学, 2012, 32(3): 556-563.

[7] Luo X, Ding J, Xu B, et al. Incorporating bioaccessibility into human health risk assessments of heavy metals in urban park soils. Science of the Total Environment, 2012, 424: 88-96.

[8] Peijnenburg WJ, Zablotskaja M, Vijver MG. Monitoring metals in terrestrial environments within a bioavailability framework and a focus on soil extraction. Ecotoxicology and Environmental Safety, 2007, 67(2): 163-179.

[9] Sundaray SK, Nayak BB, Lin S, et al. Geochemical speciation and risk assessment of heavy metals in the river estuarine sediments-A case study: Mahanadi basin, India. Journal of Hazardous Materials, 2011, 186(2-3): 1837-1846.

[10] Jiang M, Zeng G, Zhang C, et al. Assessment of heavy metal contamination in the surrounding soils and surface sediments in Xiawangang River, Qingshuitang District. PLoS ONE, 2013, 8

(8)：e71176.

[11] Chen M, Li X, Yang Q, et al. Total concentrations and speciation of heavy metals in municipal sludge from Changsha, Zhuzhou and Xiangtan in middle-south region of China. Journal of Hazardous Materials, 2008, 160：324-329.

[12] 李晓东, 袁兴中, 苏小康, 等. 生态、生产、生活空间：发展战略规划环境影响评价——以长沙大河西先导区为例. 长沙：湖南大学出版社, 2014.

[13] Li F, Huang J, Zeng G, et al. Spatial distributions and health risk assessment of heavy metals associated with receptor population density in street dust：a case study of Xiandao District, Middle China. Environmental Science and Pollution Research, 2015, 22(9)：6732-6742.

[14] Huang J, Li F, Zeng G, et al. Integrating hierarchical bioavailability and population distribution into potential eco-risk assessment of heavy metals in road dust：A case study in Xiandao District, Changsha city, China. Science of the Total Environment, 2016, 541：969-976.

[15] Mihailović A, Budinski-Petković Lj, Popov S, et al. Spatial distribution of metals in urban soil of Novi Sad, Serbia：GIS based approach. Journal of Geochemical Exploration, 2015, 150：104-114.

[16] Gay JR, Korre A. A spatially-evaluated methodology for assessing risk to a population from contaminated land. Environmental Pollution, 2006, 142(2)：277-234.

[17] Huang J, Liu W, Zeng G, Li F, et al. An exploration of spatial human health risk assessment of soil toxic metals under different land uses using sequential indicator simulation. Ecotoxicology and Environmental Safety, 2016, 129：199-209.

第5章　城镇土壤重金属污染的
来源综合解析技术

　　城镇土壤环境中重金属来源复杂，影响因素较多，为弄清其来源，人们常通过一定的技术方法概括出几个综合因素来推断重金属污染的主要来源，以期对重金属污染进行有的放矢地控制和整治。现常用的城镇土壤重金属污染来源解析方法主要包括相关分析法、[1]主成分分析法（PCA）、[2]层次聚类分析法、稳定同位素示踪技术[3]等，前三种方法皆为多元统计学方法，而稳定同位素示踪技术的成本代价较高，故在现有的污染物来源解析文献研究中大多仅采用多元统计学方法和区域的历史资料调查来解析城镇土壤重金属污染的可能来源，并取得了一定的成果。但多元统计方法是基于统计学原理发展来的，其对数据数量和质量有着较高的要求，而且暂时没有一个固定的标准对其数据的数量和质量进行约束，因此在我国评价中常出现的贫数据或低精度数据环境下单纯基于多元统计分析的重金属来源解析具有较大的不确定性，[4-5]很可能误导相关决策。在成本-收益的考量下，如何更准确地、更高效地解析城镇土壤重金属污染的来源成为科研的难点之一。根据大量各环境介质中重金属的来源解析经验，并鉴于同位素示踪技术的成本较高暂时难以推广应用，拟将常用的多元统计分析方法与3S技术下的土地利用现状空间分析、历史资料搜集综合和特征污染源实地验证相结合，最后综合形成一套兼顾高效性和准确性的城镇土壤重金属污染的来源综合解析技术。

5.1　来源解析中常用的多元统计技术

下述分析都要求分析的数据参数分布符合正态分布，或经转化后符合正态分布，并且都基于 SPSS 软件进行具体操作。

5.1.1　相关性分析技术

相关性分析法是分析各个变量之间密切程度的一种方法，对于一个污染源里不同的组分，我们通过分析各个组分间的相关性，并用相关系数描述它们，同时考虑相关程度的显著水平。城镇土壤重金属污染表现为复合的多种元素污染。城镇土壤环境中各重金属之间的相关性可作为其来源解析的分析基础，当重金属含量之间有显著相关性，说明它们可能有相同或相似的来源，并且两者之间可能存在复合污染；反之，如果呈显著负相关，说明两者之间可能存在相互抑制关系。[6]本研究主要采用常用的皮尔逊相关系数，用来度量两个定距型变量间的线性相关性，其具体原理见文献。[7]

5.1.2　主成分分析法

为了解析城镇土壤中重金属的组成特征与其来源的内在关系，在处理此类环境因素复杂、影响因子众多的土壤环境信息时，常常出现多个变量之间有一定的相关关系，也可以理解为这些相关变量在信息内涵上有一定交叉重叠，而变量之间信息的高度重叠和相关会给统计方法的实际应用带来许多障碍。主成分分析就是为应对上述问题而发展形成的一套可以在保障数据信息损失最少的前提下，对高维变量空间进行降维处理的方法，并且该方法已得到广泛应用。[9-10]主成分分析法的具体原理见文献，[10-11]主成分分析主要步骤如下：[10,12]（1）参数数据标准化和 KMO（Kaiser-Meyer-Olkin）检验；（2）主成分的提取和主成分载荷矩阵的求解；（3）主成分的命名；（4）计算各主成分得分并确定主成分；（5）对所得出的主成分进行分析解释。

KMO 检验是主成分分析的重要前提，KMO 检验值适用于比较变量间简单相关系数和偏相关系数的指标，数学定义为：[12-13]

$$KMO = \frac{\sum \sum\limits_{i \neq j} r_{ij}^2}{\sum \sum\limits_{i \neq j} r_{ij}^2 + \sum \sum\limits_{i \neq j} p_{ij}^2} \tag{5.1}$$

式中，r_{ij} 是变量 x_i 和其他变量 x_j 间的简单相关系数，p_{ij} 是变量 x_i 和变量 x_j 在控制了剩余变量下的偏相关系数。由式（5.1）可知，KMO 统计量中的取值在 0 和 1 之间。KMO 值越接近于 1 则意味着变量间的相关性越强，原有变量越适合做主成分分析。Kaiser 认为数据集的 KMO 统计量值小于 0.5 时意味不适合作主成分分析。

5.1.3 层次聚类分析法

聚类分析（Cluster Analysis）又称群分析，是根据"物以类聚"的道理，对样品或指标进行分类的一种多元统计分析方法，该方法讨论的对象是大量的样品，要求能合理地按各自的特性来进行合理的分类，没有任何模式可供参考或依循，即是在没有先验知识的情况下进行的。聚类分析起源于分类学，在古老的分类学中，人们主要依靠经验和专业知识来实现分类，很少利用数学工具进行定量地分类。随着人类科学技术的发展，对分类的要求越来越高，以致有时仅凭经验和专业知识难以确切地进行分类，于是人们逐渐地把数学工具引用到了分类学中，形成了数值分类学，之后又将多元分析的技术引入到数值分类学形成了聚类分析。

聚类分析被应用于很多方面，在商业上，聚类分析被用来发现不同的客户群，并且通过购买模式刻画不同的客户群特征；在生物上，聚类分析被用来动植物分类和对基因进行分类，获取对种群固有结构的认识；在地理上，聚类能够帮助在地球中被观察的数据库商趋于的相似性；在保险行业上，聚类分析通过一个高的平均消费来鉴定汽车保险单持有者的分组，同时根据住宅类型、价值、地理位置来鉴定一个城市的房产分组；在因特网应用上，聚类分析被用来在网上进行文档归类来修复信息。

聚类分析是根据事物本身的特性研究个体的一种方法，目的在于将相似的事物归类。它的原则是同一类中的个体有较大的相似性，不同类的个体差异性很大。这种方法有 3 个特征：[14]（1）适用于没有先验知识的分类。如果没有这些事先的经验或一些国际标准、国内标准、行业标准，分类便会显得随意或主观。这时只要设定比较完善的分类变量，就可以通过聚类分析法得到较为科学合理的类别；（2）可以处理多个变量决定的分类。例如，要根据消费者购买量的大小进行分类比较容易，但如果在进行数据挖掘时，要求根据消费者的购买量、家庭收入、家庭支出、年龄等多个指标进行分类通常比较复杂，而聚类分析法可以解决这类问题；（3）聚类分析法是一种探索性分析方法，能够分析事物的内在特点和规律，并根据相似性原则对事物进行分组，是数据挖掘中常用的一种技术。其中，层次聚类分析法采取凝聚的方式，其聚类过程是按照一定层次进行的，现已被广泛应用于环境介质中污染物来源解析。[6,14]

5.2　实例城镇研究

5.2.1　多元统计分析下城镇土壤重金属污染的来源解析

（1）皮尔逊相关性分析。根据表 2.6 可知，先导区表层土壤中 5 种重金属呈现显著正相关的因子对有 Cu-Zn、Cu-Cd、Cu-Cr、Zn-Pb 和 Zn-Cd，这些因子对之间的变化规律相似，说明在先导区土壤中这些因子有着类似的地球化学性质，并很可能有着共同的来源或产生了复合污染。

（2）主成分分析。首先对标准化后先导区土壤重金属数据集进行了 KMO 检验，其 KMO 系数为 0.6，则认为该数据集适合 PCA 分析；而后利用 SPSS 对土壤重金属数据集进行了 PCA 分析，其结果见表 5.1—表 5.2 和图 5.1 所示。PCA 结果得到大于 1 的特征值共有两个，与其相对应的两个主成分累积贡献了总变量的 70.111%，故这两个主成分已经足以反映全部数据的大部分信息。主成分 1 贡献了总变量的 43.195%，主成分 2 贡献了总变量的 26.916%，故可先导区土壤重金属划分为两个不同成分。由表 5.1、表 5.2 和各重金属元素的二维因子载荷图（图 5.1）可知，主成分 1 包括 Cu、Cd 和 Cr，其对主成分 1 的载荷分别为 0.888、0.711、0.721；主成分 2 包括 Zn 和 Pb，其对主成分 2 的载荷分别为 0.791 和 0.727。综上所述，主成分 1 被认为主要来源于人为源，而主成分 2 被认为主要受自然源控制。

（3）层次聚类分析。借助 SPSS 软件对标准化后先导区土壤重金属数据集进行了层次聚类分析，分析结果见图 5.2。根据图 5.2 可知，Cu、Cd、Zn 为第一类；Pb 为第二类；Cr 为第三类。

表 5.1　　　　　　土壤中重金属数据的主成分分析总变量

主成分	初始因子解			提取的初始解		
	特征值	贡献率	累积贡献率	特征值	贡献率	累积贡献率
1	2.160	43.195	43.195	2.160	43.195	43.195
2	1.346	26.916	70.111	1.346	26.916	70.111
3	0.775	15.506	85.617			
4	0.424	8.472	94.089			
5	0.296	5.911	100.000			

表 5.2 各重金属在主成分中的载荷表

重金属元素	主成分 1	主成分 2
Cu	0.888	0.191
Zn	0.339	0.791
Pb	−0.032	0.727
Cd	0.711	0.408
Cr	0.721	−0.468

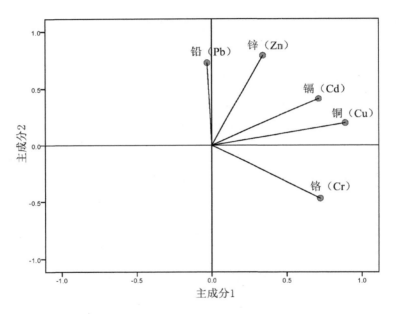

图 5.1　土壤中各重金属元素的二维因子载荷图

5.2.2　3S 技术下城镇土壤重金属污染的综合来源解析

对源解析模型来说，原始数据的数据量及代表性直接影响模型的运算结果的可信度，另外模型本身以及模型参数的选择也会对结果造成不确定性，但在实际应用中，样品采集和分析往往有一定的局限性，致使

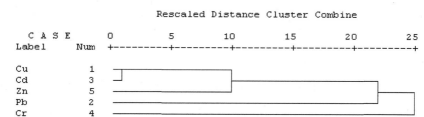

图 5.2 先导区土壤重金属的层次聚类分析图

数据的数量及代表性受到一定程度限制。本研究鉴于此次采样的实际情况，选取多种源解析方法对土壤中重金属进行进行解析，以期分析与降低模型选择所带来的不确定性，得到一个相对可信的来源解析结果。根据 5.2.1 中的基于皮尔逊相关分析、主成分分析和层次聚类分析的来源解析结果可知：三种方法结论对于 Cu 和 Cd 的来源识别均一致，而对于 Zn、Pb 和 Cr 的属性判断则不一致，故单单依靠上述多元统计分析结果来识别重金属来源的不确定性确实存在，在一些相关的文献中也证明了此推论。[5]

　　研究尝试通过 3S 技术和历史资料的搜集来进一步确定 Zn 和 Pb、Cr 的来源。首先，根据表 2.1 可知，先导区土壤中的 Zn 和 Pb 的平均含量跟其当地的土壤背景值比较接近，但 Zn 的变异程度属于强空间变异度，而 Pb 的变异程度属于中等空间变异度。Cr 的平均含量则高于当地土壤背景值，其变异程度也属于中等空间变异度。此外，根据基于IDW 插值的先导区土壤重金属的空间分布(图 2.6)可知，先导区土壤中Zn 的空间分布相对均匀，故其确实应与自然源有密切关系，但在 F22、U14、W10 和 F2 这些采样点附近 Zn 的富集程度较高，可能存在点源污染。由图 2.6 可知先导区土壤中的 Pb 分布与 Zn 分布有相似，土壤 Pb的分布也较为均匀，并在 U14、F14、F1、F4、U4 和 U5 处富集程度较高。对于先导区土壤中的 Cr 来说，首先，Cr 的分布特征较为独特，仅跟 Cu 的分布有相对明显的相似，这个结果与皮尔逊相关系数、因子分析和聚类分析的结论一致，由图 2.6 可知 Cr 在 U2、U3、U8、U11 和 F7 处富集程度较高，并且比较特殊的是 Cr 与 Cu 似乎有面污染趋势，或此处可能有长期点污染源。上述分析从侧面说明了先导区重金属污染的来源存在明显的空间特征性。

为了进一步确定先导区土壤重金属的污染来源，本研究搜索了国内外知名文献资料数据库（包括中国知网、万方数据库、艾斯维尔数据库、施普林格数据库、威利数据库等），搜索出相关文献 63 篇，总结得出现有文献中关于长沙市土壤重金属来源的解析结论基本包括以下三类：（1）As、Ni、Cd 和 Hg 主要来源于工业生产、有色金属冶炼和煤炭的燃烧；Pb 和 Zn 均具有较低的浓度和很低的空间变异度，故可能主要来源于自然源。[15-16]（2）Ni、Cr、As 和 Mn 主要来自于工业生产和有色金属冶炼；Pb、Cd 和 Hg 主要来源于湘江附近的工业活动；Cu 和 Zn 主要来源于自然源。[17]（3）Cd 和 Zn 主要来源于有色金属冶炼；Cu、Ni 和 Pb 主要来源于自然源；Cr 主要与原三汊矶附近的工业活动。[18]

综上所述，基于多元统计分析结果、3S 技术下的空间分析结果和历史资料总结，研究初步识别 Cd 的污染来源主要为工业生产、湘江水灌溉和有色金属的冶炼；Cr 和 Cu 有着类似的空间分布特征，可能均与三汊矶附近的工业活动有关，同时 Zn、Cd 在三汊矶附近也有相对高值点；Zn 则主要与自然源和点源污染有关；结合图 4.3 可知，Pb 则跟先导区主要交通干线和自然源均有一定相关。

5.2.3　综合来源解析结果的实地验证

现有文献研究中的土壤重金属来源解析常常仅是实验、统计分析为主，[8-11] 当然这在有限的人力、物力限制下基本可行，但这无疑大大影响了解析的可信度，故在 5.2.2 节 3S 技术下城镇土壤重金属污染的综合来源解析的基础上，尝试在典型区域对所得来源解析结果进行实地验证。根据上节的分析结论，潜在优先污染物 Cr、Pb 和 Cd 的污染特征均不相同，但 Cr 和 Cd 在先导区三汊矶附近均存在相对高值点（F2 采样点附近），故研究将先导区三汊矶附近设为待实地验证区域。

首先，研究利用 google 地图和百度地图对长沙市先导区附近的敏感区域和可能污染源进行了初步排查，经排查，发现三汊矶区域附近确实分布着原长沙市铬盐厂、原长沙市湘岳化工厂、原长沙造纸厂、原长沙市岳麓矿石粉厂和原长沙锌厂这些可能的污染来源。经过进一步调查可知，原长沙铬盐厂位于长沙市三汊矶湘江西岸（图 4.3 中红点标注位置），其生产过程中排放出大量含有六价铬的废渣，露天堆放于湘江附近。2003 年原长沙铬盐厂关闭，2005 年长沙市成立长沙市铬污染物治理有限公司，负责对原长沙铬盐场铬污染进行综合治理。2006 年至2011 年开展了铬盐场铬渣解毒处置工作，并于 2011 年 4 月顺利通过验收。铬渣解毒完成后，现场遗留下了受六价铬污染严重的土壤和地下水，并对周边水体及土壤造成了较大影响，污染范围不断扩大，污染面积预计超过 300 亩。综上，原长沙市铬盐场确实很可能是先导区 Cr 污染的一个主要来源，而原铬盐厂附近土壤中 Cr 和 Cd 的具体污染情况则需要进一步确定。为进一步探究和验证先导区土壤中优先控制污染物 Cr 和 Cd 的来源，研究对原长沙市铬盐厂附近土壤中的 Cr 和 Cd 进行了实地采样分析，实地勘探照片见图 5.3。

为探明场地内土壤中优先控制重金属的污染现状，对场地进行了勘察监测工作，在场地区域内共采集土样样品 28 件，并对土壤样品中的铬和镉含量进行了检测，结果表明：污染场地厂区内土壤中总铬含量为13 mg/kg—62200 mg/kg，镉含量 0.01 mg/kg—12.7 mg/kg，根据《土壤环境质量评价标准（GB 15618—1995）》三级标准，厂区内土壤中总铬和镉污染较为严重，主要污染区域为原铬盐厂堆渣范围和生产车间区域；原铬盐厂北面的湘岳化工厂和原铬盐厂厂区内有较大区域镉超标。[19]上述数据证实了先导区三汊矶附近的原长沙市铬盐厂附近土壤确实存在大面积、高浓度的 Cr 污染，这与上节中的先导区重金属 Cr 的综合来源解析结论相吻合，也从侧面证明了为何 Cr 的污染分布呈面状扩散趋势。

对于 Cd 而言，在原铬盐厂附近土壤中其含量值确实存在相对高值点，这与上节中的先导区重金属 Cd 的综合来源解析结论相一致。综上，先导区优先控制重金属 Cr 和 Cd 都来源于人为源，其中先导区土壤 Cr 污染主要与原长沙市铬盐厂过去的生产活动而残留下的大量未解毒的铬渣有关；土壤 Cd 污染主要与湘江水灌溉和点源工业（包括原长沙市铬盐场等）、冶炼企业废物排放有关。

图 5.3　原长沙市铬盐场的实地照片

5.3　小结

研究在大量理论和实践总结的基础[20-36]上提出了基于多元统计分析结果、3S 技术下的空间分析结果和历史资料总结三个方面的分析来综合解析城镇土壤重金属的来源，实例研究表明：Cd 的污染来源主要为工业生产、湘江水灌溉和有色金属的冶炼；Cr 和 Cu 有着类似的空间分布特征，可能均与三汊矶附近的工业活动有关，同时 Zn、Cd 在三汊矶附近也有相对高值点；Zn 则主要与自然源和点源污染有关；Pb 则跟先导区主要交通干线和自然源均有一定相关。最后针对优先控制污染物进行了风险来源的实地验证，结果与来源综合解析结论基本一致，证明了综合来源解析法比常用来源解析法有着更高的可信度。

参 考 文 献

[1] 杨晓华，刘瑞民，曾勇. 环境统计分析. 北京：北京师范大学出版社，2008.

[2] Zhao L, Xu Y, Hou H, et al. Source identification and health risk assessment of metals in urban soils around the Tanggu chemical industrial district, Tianjin, China. Science of the Total Environment, 2014, 468-469: 654-662.

[3] Luo X, Xue Y, Wang Y, et al. Source identification and apportionment of heavy metals in urban soil profiles. Chemosphere, 2015, 127: 152-157.

[4] Li F, Zhang JD, Huang JH, et al. Heavy metals in road dust from Xiandao District, Changsha city, China: Characteristics, health risk assessment and integrated source identification. Environmental Science and Pollution Research, 2016, 23: 13100-13113.

[5] Zhang Y, Guo C, Xu J, et al. Potential source contributions and risk assessment of PAHs in sediments from Taihu Lake, China: Comparison of three receptor models. Water Research, 2012, 46: 3065-3073.

[6] Li F, Huang J, Zeng G, et al. Spatial risk assessment and sources identification of heavy metals in surface sediments from the Dongting

Lake, Middle China. Journal of Geochemical Exploration, 2013, 132, 75-83.

[7] 郑弘铭. 科技进步影响县域经济发展差异性研究—以重庆市为例：[重庆大学硕士学位论文]. 重庆：重庆大学机械工程学院，2014, 34-37.

[8] Sun Y, Zhou Q, Xie X, et al. Spatial, source and risk assessment of heavy metal contamination of urban soils in typical regions of Shenyang, China. Journal of Hazardous Materials, 2010, 174：455-462.

[9] 李磊，王云龙，蒋玫，等. 江苏如东滩涂贝类养殖区表层沉积物中重金属来源解析及其潜在生物毒性. 环境科学，2012, 33(8)：2608-2613.

[10] 白兵. 基于 GIS 和多元变量模型的洞庭湖沉积物中重金属的空间风险评价和来源解析：[湖南大学硕士学位论文]. 长沙：湖南大学环境科学与工程学院，2013, 36-41.

[11] 白云. CRM 应用分析系统的设计与实现：[西安电子科技大学硕士学位论文]. 西安：电子科技大学，2010, 5-12.

[12] 薛薇. SPSS 统计分析方法及应用. 北京：电子工业出版社，2010.

[13] Li F, Huang J, Zeng G, et al. Integrated source apportionment, screening risk assessment and risk mapping of heavy metals in surface sediments：A case study of the Dongting Lake, Middle China. Human and Ecological Risk Assessment, 2014, 20, 1213-1230.

[14] Shah MT, Ara J, Muhammad S, et al. Health risk assessment via surface water and sub-surface water consumption in the mafic and ultramafic terrain, Mohmand agency, northern Pakistan. Journal of Geochemical Exploration, 2012, 118：60-67.

[15] Wang Z, Chai L, Yang Z, et al. Identifying sources and assessing potential risk of heavy metals in soils from direct exposure to children in a mine-impacted city, Changsha, China. Journal of Environmental

Quality, 2010, 39(5): 1616-1623.

[16] 息朝庄, 戴塔根, 黄丹艳. 湖南长沙市土壤重金属污染调查与评价. 地球与环境, 2008, 36(2): 136-141.

[17] Chen J, Wang Z, Wu X, et al. Source and hazard identification of heavy metals in soils of Changsha based on TIN model and direct exposure method. Transactions of Nonferrous Metals Society of China, 2011, 21(3): 642-651.

[18] 张祥. 长沙市岳麓区重金属污染评价: [中南大学硕士学位论文]. 长沙: 中南大学化学化工学院, 2013.

[19] Li F, Zhang J, Yang J, et al. Site-specific risk assessment and integrated management decision-making: A case study of a typical heavy metal contaminated site, Middle China. Human and Ecological Risk Assessment, 2016, 22(5): 1224-1241.

[20] Huang J, Li F, Zeng G, et al. Incorporating hierarchical bioavailability and possible receptor distribution into potential eco-risk assessment of heavy metals in soils: A case study in Xiandao District, Changsha city, China. Science of the Total Environment, 2016, 541: 969-976.

[21] Li F, Huang J, Zeng G, et al. Toxic metals in topsoil under different land uses from Xiandao District, middle China: Distribution, relationship with soil characteristics and health risk assessment. Environmental Science and Pollution Research, 2015, 22: 12261-12275.

[22] Yang B, Chen ZL, Zhang CS, et al. Distribution patterns and major sources of dioxins in soils of the Changsha-Zhuzhou-Xiangtan urban agglomeration, China. Ecotoxicology and Environmental Safety, 2012, 84: 63-69.

[23] Zhao X, Dong D, Hua X, et al. Investigation of the transport and fate of Pb, Cd, Cr(VI) and As(V) in soil zones derived from moderately

contaminated farmland in Northeast, China. Journal of Hazardous Materials 2009, 170: 570-577.

[24] Saleem M, Iqbal J, Shah MH, et al. Non-carcinogenic and carcinogenic health risk assessment of selected metals in soil around a natural water reservoir, Pakistan. Ecotoxicology and Environmental Safety, 2014, 108: 42-51.

[25] Xue JL, Zhi YY, Yang LP, et al. Positive matrix factorization as source apportionment of soil lead and cadmium around a battery plant (Changxing County, China). Environmental Science and Pollution Research, 2014, 21(12): 7698-7707.

[26] Xu J, Bravo AG, Lagerkvist A, et al. Sources and remediation techniques for mercury contaminated soil. Environment International, 2015, 74: 42-53.

[27] Wu S, Peng S, Zhang X, et al. Levels and health risk assessments of heavy metals in urban soils in Dongguan, China. Journal of Geochemical Exploration, 2015, 148: 71-78.

[28] Wang XT, Chen L, Wang XK, et al. Occurrence, sources and health risk assessment of polycyclic aromatic hydrocarbons in urban (Pudong) and suburban soils from Shanghai in China. Chemosphere, 2015, 119: 1224-1232.

[29] Peña-Fernández A, Lobo-Bedmar MC, González-Muñoz MJ. Annual and seasonal variability of metals and metalloids in urban and industrial soils in Alcalá de Henares (Spain). Environmental Research, 2015, 136: 40-46.

[30] Nezhad MTK, Mohammadi K, Gholami A, et al. Cadmium and mercury in topsoils of Babagorogor watershed, western Iran: Distribution, relationship with soil characteristics and multivariate analysis of contamination sources. Geoderma, 2014, 219-220: 177-185.

[31] 杜本峰. 数据、模型与决策. 北京：中国人民大学出版社，2009.

[32] 张应华，刘志全，李广贺，等. 基于不确定性分析的健康环境风险评价. 环境科学，2007，28(7)：1409-1414.

[33] 李飞，黄瑾辉，曾光明，等. 基于 Monte-Carlo 模拟的土壤环境重金属污染评价法与实例研究. 湖南大学学报(自然科学版)，2013，40(9)：103-108.

[34] Jia WH, Micheline K. Data mining：concept and techniques. Elsevier，2006，14-60.

[35] Yang ZP, Lu WX, Long YQ, et al. Assessment of heavy metals contamination in urban topsoil from Changchun City, China. Journal of Geochemical Exploration, 2011, 108：27-38.

[36] Chen XD, Lu XW, Yang G. Sources identification of heavy metals in urban topsoil from inside the Xi'an Second Ringroad, NW China using multivariate statistical methods. Catena, 2012, 98：73-78.

第6章 城镇土壤重金属污染的
风险量化管理决策体系

区域环境健康风险评价与管理是随着社会经济高速发展应运而生的一门新兴学科,其定位是评价、管理和预测环境因素造成的人体健康风险,并将"信号"传达给环境保护工作的各个部门,以便更有针对性地进行污染防控,改善环境质量,防范健康风险。[1]近些年来,环境污染在影响我国人群健康的风险因素中所占比例不断增高,其中长期频繁的人类活动使城镇土壤遭受强烈的干扰,造成我国较为严重的城镇土壤重金属污染现况。[1-2]城镇土壤既是城市空间的纳污场和净化场,又是城镇水、气等环境要素的二次污染源,加之城镇人口密集,其污染物可经由皮肤接触、呼吸吸入和误食土壤等暴露途径给城镇人群健康带来风险或造成危害,故更合理地评价城镇土壤环境中重金属带来的健康风险,并综合社会经济、人口特征、生活方式与行为等因素提出更高效的风险管理决策成为在社会、公民环保意识和维权意识不断增强状态下的客观要求。同时,我国现行的以《土壤环境质量标准(GB 15618—1995)》为核心的土壤环境标准体系已有20余年没有进行相关修订,其标准建立的出发点和设定的相应土壤标准限值已不能满足城镇用地下土壤环境质量保护的客观要求,[19]同时该标准缺少对城镇人群经由可能途径暴露于土壤污染物的相关考量,确实已不能科学地辅助城镇土壤重金属的风险管理决策。《国家环境保护"十二五"环境与健康工作规划》指出科学地开展环境与健康调查、进行环境与健康风险评价、推进环境与健康风险管理制度的建设成为"十二五"环境与健康工作的重点，在"十三五"期间，我国仍要坚持绿色发展理念，党的十八届五中全会更首次将生态文明写进五年规划，故构建科学、高效的环境风险管理决策体系成为我国的当务之急，也将是开展环境与健康管理工作的必要支撑和关键依据。综上，研究在我国现有环境标准体系的不足、我国现实国情制约等因素的综合考虑下，尝试在前述研究的基础上架构城镇土壤重金属污染的风险量化管理决策体系，以期为我国基于人群健康风险的环境风险管理的理论与实践提供新思路。

6.1 国内外城镇土壤中重金属污染风险的防控指标体系综述

伴随着着国内经济-环境-社会之间关系的新变化，我国现行的土壤标准体系在管控不断显现的各类环境健康损害事件和预测日益严峻的环境污染健康风险等方面表现出了一定的不足。如湖南的"镉大米"事件，由于湖南部分大米中镉含量严重超标，不仅造成了湖南农民的巨额亏损，而且"镉大米"对湖南省乃至全国可能受体人群的健康影响不得而知，如何客观地评价和管控"镉大米"中镉的健康风险成为焦点问题；甘肃徽县等地的血铅事件，在事件中儿童血铅的环境暴露来源解析、健康风险评价和责任认定是关键问题。然而，现行土壤标准体系不能满足以上工作的需求。"他山之石，可以攻玉"，在"十二五""减少总量、改善治理和防范风险"的工作任务下科学地借鉴国外发达国家的成功经验显得尤其重要。当下国外代表性的环境风险管理体系主要包括：以日本为代表的环境健康损害判定类标准体系、以欧盟为代表的化学品环境风险管理标准体系和以美国为代表的环境健康风险管理标准体系。段小丽等[2,4-6]学者对上述三类代表性体系做了详细介绍，通过综合分析可知，以日本为代表的环境健康损害判定类标准体系主要是基于公害病的前提而形成的，这与我国的现实情况不符，加上日本与我国在国土面积与地域分布的显著性差异，故此模式暂不合适；而以欧盟为代表的化学品环境风险管理标准体系体现了"源头"控制，其实在2013《中国危险化学品名录》已经颁布，此模式可部分借鉴，但如单单推行此模式则不合适，因为我国环境污染的现状并不能因为未来的"源头"控制而完全解除，历史欠账问题较大；以美国为代表的环境健康风险管理标准体系是在健康风险评价的基础上构建起来的环境风险管理标准体系，并且在美国不同的州也有自己一套更加"特色"的环境风险管理地方体系，这与我国各个省的环境污染差异较大的国情相符合，为每个省市建立自己特色环境管理体系提供了良好的参考。综上，建议我国应以"源头"控制未来污染物的总量，以环境健康风险为信号，明确当下环境污染防控重点污染物和污染区域，不断改善环境质量，故预防和管理健康风险是当下我国环境与健康工作的要点，因此，美国环境健康风险评价和管理标准的模式是我国当前应当主要予以借鉴的。

为了适应"十二五"期间环境保护"防范风险"这一工作着力点，部分学者提出了自己关于我国环境与健康标准体系构想，[2,7]初步展现了我国环境与健康标准体系框架的基本建立思路：以环境健康风险评价为核心，考虑当前已经具备的技术基础和能力情况，充分考虑需求和可行性，构建环境健康风险评价的技术规范，储备和开发相关的基础技术，为"十三五"乃至今后我国全面推行环境风险管理奠定基础。但这些构想都较为宏观，并没有指明如何如科学、高效地实现这些构想，故尝试在前述研究的思路和基础上，以城镇土壤重金属污染的健康风险评价与管理为切入点，拟构建集成环境数据采集与采样分析、城镇土壤环境污染物的污染格局分析、区域层次风险识别、风险来源综合识别为一体的城镇土壤重金属污染健康风险管理体系，以期为构建具有中国特色的城镇土壤重金属风险管理框架体系提供理论支撑与实践经验。

6.2 城镇土壤重金属污染健康风险管理决策体系构建

基于前述研究成果初步构建了城镇土壤重金属污染健康风险管理体系，其技术路线概念图如图 6.1，下面将简要叙述所建的城镇土壤重金属污染健康风险管理体系的运行步骤、主要内容和技术方法。所建城镇土壤重金属污染健康风险管理体系是一个动态循环体系，其分为环境数据搜集与采样分析、城镇土壤环境污染物的污染格局分析、城镇土壤重金属层次健康风险识别、城镇土壤风险来源综合识别和特征风险的量化管理决策五个子系统。下面以初次建立某一城镇区域的土壤重金属污染健康风险管理体系为前提，按照各子系统的运行逻辑顺序进行具体叙述：

（1）环境数据采集和采样分析。

在初次执行某一城镇区域的土壤重金属健康风险管理体系的架构时，首先必须摸清该区域内土壤重金属的污染格局，在必要的历史资料调研的基础上，选择合适的区域布点网格尺度显得尤为重要，布点密度低影响分析精确度，而布点密度高则无疑成本上升，所以建议初次采用中等尺度的网格布点法（1 km×1 km—5 km×5 km）和人工布点相法（布设于历史资料识别出的相对高污染区）结合的区域采样布点方式。在此基础上，按照我国土壤采样、检测分析的相关标准进行实地采样、预处理和仪器分析，以获得该区域土壤重金属总量及形态、土壤理化性质等重要数据信息，并且这些信息都将被录入城镇土壤环境综合信息数据库，可作为城镇土壤环境污染物空间环境地球化学特征分析的基石。上述内容的详细技术方法见本书第二章，数据库建立可参照企业资源管理计划（ERP）的建立原则和特点，这样便于后期各相关部门间的信息共享和信息安全等功能的实现。[8]

（2）城镇土壤环境污染物污染格局分析。

基于前述子系统提供的数据，在 3S 技术、多元统计分析、地统计学等技术方法的辅助下，对城镇土壤环境中典型重金属的空间环境地球

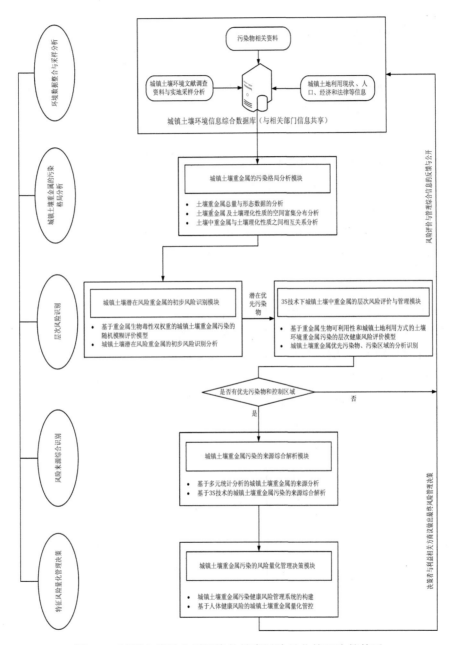

图 6.1　城镇土壤重金属污染的健康风险量化管理决策体系

化学特征进行研究，主要包括城镇土壤中元素或化合物的组成特征、来源、含量、形态和迁移转化规律等，以此可解析城镇土壤重金属污染的格局特点及其相关影响因素，同时搜集到的相关资料和本子系统分析所得的结果也都将录入城镇土壤环境综合信息数据库，该数据库可作为城镇土壤环境重金属层次风险评价与管理的基石。上述内容的详细技术方法见本书第二章。

(3)城镇土壤重金属层次健康风险识别。

基于前述子系统提供的数据，在 3S 技术、健康风险评价模型和地统计学等技术方法的辅助下，以科学、高效地识别城镇土壤重金属优先污染物和优先控制区域为目标，首先利用本书第三章所建立的基于重金属生物毒性双权重的城镇土壤重金属污染的随机模糊评价模型对区域土壤重金属污染进行初步风险识别，并筛选得出潜在风险重金属；但鉴于城镇人口相对密集，故需要进一步基于人体健康风险评价来识别优先污染物和优先控制区域，根据区域可能受体人群关于土壤重金属的暴露特征建立区域特征的健康风险评价模型，并在对潜在风险重金属和各重金属对人体毒理参数的综合考量下，从初步风险识别得到的潜在风险重金属中补充并确认区域的潜在风险重金属，如此可以大幅降低了后续评价与管理工作的工作量与成本；其次，借助所建基于重金属生物可利用性和土地利用方式的城镇土壤环境重金属污染的层次风险评价模型分别对潜在优先污染物进行层次风险评价，并根据其所得结果识别优先控制污染物；同时，在考虑区域可能受体分布密度的基础上划分出详细的优先控制区域，并最后创新提出区域层次风险管理建议。上述内容的详细技术方法见本书第三章、第四章。

(4)城镇土壤风险来源综合识别。

为进一步从源头管控城镇土壤优先污染物，利用所建城镇土壤重金属污染的来源综合解析技术，将常用的多元统计分析方法与 3S 技术下的土地利用现状地图、历史资料搜集综合分析和特征污染源实地验证相结合，对步骤(3)中确定的城镇土壤优先控制污染物进行了不确定环境下的来源综合识别，并将此结果与层次风险管理初步建议相融合提出更有针对性的区域风险来源管控策略。上述内容的详细技术方法见本书第五章。

(5)特征风险的量化管理决策体系。

基于上述各子系统可建立了特征城镇土壤环境综合信息数据库，其中包括了城镇土壤环境污染物空间环境地球化学特征信息、城镇土壤重金属层次健康风险信息及其层次风险管理信息等重要数据信息，而后针对优先控制污染物和优先控制区域如何定量进行土壤污染物清理、控制和预警成为高效污染风险管理决策的关键步骤。将基于建立的特征城镇土壤重金属健康风险评价模型和《导则》中相关规定，首先计算得出了优先控制污染物的风险控制值，并进一步综合考虑国内土壤重金属修复技术方法参数、成本收益控制、国内外土壤重金属相关修复值等，并建议在国内土壤修复专家代表团的辅助下可提出更具可操作性的区域土壤清理值；而后将层次风险评价与管理所得信息都录入城镇土壤环境综合信息数据库。上述通过计算模型所得敏感用地/非敏感用地下的城镇土壤优先控制重金属的风险控制值可以作为决策者制定具体土壤清理值的科学参考，上述部分内容将在下面章节中做详细介绍和研究。

基于(1)—(5)中各子系统的首次运行结果可初步建立城镇土壤环境综合信息数据库，数据库可以辅助决策者更科学、更高效地开展城镇土壤重金属的健康风险管控与预警，但必须指出首次运行后体系具有一定的不确定性，其来源主要是监测分析时序较短、模型固有缺陷、[9]当地流行病学数据不足、[10]气候变化等，故体系需要定期进行数据更新，但根据首次体系运行结果显然可以大幅减少无效的工作量，针对优先控制污染物和优先控制区域可进行优先、高频次的监测和管控，而针对其他重金属则可只进行定期的常规监测即可，而后根据新的监测数据可即时更新城镇土壤中优先控制污染物和优先控制区域信息，这样就形成了城镇土壤重金属污染评价与管理的动态层次指标和预警阈值体系，由此以来就可以集中人力、物力办要事，从而形成高效、动态的健康风险管理决策体系。

6.3 城镇土壤优先控制重金属的风险量化管控

基于环境数据搜集与采样分析、城镇土壤环境污染物的污染格局分析、城镇土壤重金属层次健康风险识别、城镇土壤风险来源综合识别4个子系统所得到的城镇优先控制重金属信息，在本实例中即 Cr、Cd 和 Pb，并且已提出关于优先控制重金属的空间层次风险管理建议，但针对优先控制污染物和优先控制区域如何定量进行土壤污染物清理、控制和预警成为高效污染风险管理决策的关键步骤。下面基于建立的特征城镇土壤重金属健康风险评价模型和《导则》中相关规定，计算了优先控制污染物的风险控制值。鉴于篇幅限值，以先导区土壤中优先控制污染物之一的 Cd 为例做以下详细说明。

6.3.1 敏感用地下城镇土壤重金属健康风险控制值计算模型

基于建立的特征城镇土壤重金属健康风险评价模型和《导则》中相关规定，建立敏感用地方式下重金属暴露的非致癌效应的风险控制值计算模型，如下：

（1）经口摄入土壤非致癌效应的风险控制值计算模型：

$$OISER_{nc} = \frac{OSIR_c \times ED_c \times EF_c \times ABS_o}{BW_c \times AT_{nc}} \times 10^{-6} \qquad (6.1)$$

$$HCVS_{ois} = \frac{RfD_o \times SAF \times AHQ}{OISER_{nc}} \qquad (6.2)$$

（2）经皮肤摄入土壤非致癌效应的风险控制值计算模型：

$$DCSER_{nc} = \frac{SAE_c \times SSAR_c \times ED_c \times EF_c \times E_v \times ABS_d}{BW_c \times AT_{ca}} \times 10^{-6} \qquad (6.3)$$

$$HCVS_{des} = \frac{RfD_d \times SAF \times AHQ}{DCSER_{nc}} \qquad (6.4)$$

（3）经呼吸摄入土壤颗粒物非致癌效应的风险控制值计算模型：

$$PISER_{nc} = \frac{PM_{10} \times DAIR_c \times ED_c \times PIAF \times (fspo \times EFO_c + fspi \times EFI_c)}{BW_c \times AT_{nc}} \times 10^{-6}$$

（6.5）

$$HCVS_{pis} = \frac{RfD_i \times SAF \times AHQ}{PISER_{nc}}$$

（6.6）

（4）基于以上3种暴露途径综合非致癌效应的土壤风险控制值计算模型：

$$HCVS_n = \frac{AHQ}{\dfrac{OISER_{nc}}{RfD_o \times SAF} + \dfrac{DCSER_{nc}}{RfD_d \times SAF} + \dfrac{PISER_{nc}}{RfD_i \times SAF}}$$

（6.7）

6.3.2 非敏感用地下城镇土壤重金属健康风险控制值计算模型

根据基于建立的特征城镇土壤重金属健康风险评价模型和《导则》中相关规定，建立非敏感用地方式下重金属暴露的非致癌效应的风险控制值计算模型，如下：

（1）经口摄入土壤非致癌效应的风险控制值计算模型：

$$OISER_{nc} = \frac{OSIR_a \times ED_a \times EF_a \times ABS_o}{BW_a \times AT_{nc}} \times 10^{-6}$$

（6.8）

$$HCVS_{ois} = \frac{RfD_o \times SAF \times AHQ}{OISER_{nc}}$$

（6.9）

（2）经皮肤摄入土壤非致癌效应的风险控制值计算模型：

$$DCSER_{nc} = \frac{SAE_a \times SSAR_a \times ED_a \times EF_a \times E_v \times ABS_d}{BW_a \times AT_{nc}} \times 10^{-6}$$

（6.10）

$$HCVS_{dcs} = \frac{RfD_d \times SAF \times AHQ}{DCSER_{nc}}$$

（6.11）

（3）经呼吸摄入土壤颗粒物非致癌效应的风险控制值计算模型：

$$PISER_{nc} = \frac{PM_{10} \times DAIR_a \times ED_a \times PIAF \times (fspo \times EFO_a + fspi \times EFI_a)}{BW_a \times AT_{nc}} \times 10^{-6}$$

（6.12）

$$HCVS_{pis} = \frac{RfD_i \times SAF \times AHQ}{PISER_{nc}} \tag{6.13}$$

（4）基于以上 3 种暴露途径综合非致癌效应的土壤风险控制值计算模型：

$$HCVS_n = \frac{AHQ}{\dfrac{OISER_{nc}}{RfD_o \times SAF} + \dfrac{DCSER_{nc}}{RfD_d \times SAF} + \dfrac{PISER_{nc}}{RfD_i \times SAF}} \tag{6.14}$$

上述计算模型参数的含义及取值见表 4.2 和表 6.1 所示。进行土壤污染物风险控制值的计算时，模型参数均根据《导则》选取。

表 6.1　城镇土壤重金属风险控制值计算模型中的参数含义及取值

参数名称	参数含义	参数取值
AHQ	可接受危害商，无量纲	1
$HCVS_{ois}$	基于经口摄入土壤途径非致癌效应土壤风险控制值，mg/kg	计算得出
$HCVS_{dcs}$	基于皮肤接触土壤途径非致癌效应的土壤风险控制值，mg/kg	计算得出
$HCVS_{pis}$	基于吸入土壤颗粒物途径非致癌效应的土壤风险控制值，mg/kg	计算得出
$HCVS_n$	基于三种暴露途径综合非致癌效应的土壤风险控制值，mg/kg	计算得出

6.3.3　实例城镇研究

根据敏感和非敏感用地方式下土壤中 Cd 暴露的非致癌风险评价模型及表 4.2 和表 6.1 中的推荐参数，在可接受风险设定为：单一污染物、单一暴露途径的非致癌风险可接受水平为 1 的前提下，基于式（6.1）—（6.14）计算得出敏感/非敏感用地方式下土壤中镉暴露的非致癌风险控制值，计算结果见表 6.2。

表 6.2　　　多途径下先导区土壤中镉的非致癌风险控制值　　（mg/kg）

用地方式	基于土壤非致癌健康风险评价模型的镉的风险控制值			
	经口	经皮肤	经呼吸吸入	综合效应
敏感用地	16.6	169	13.8	7.22
非敏感用地	166	725	35.8	28.3

　　根据表 6.2，由于可接受非致癌风险水平为 1，故在敏感用地非致癌风险情景下，经呼吸吸入途径的风险控制值为所有暴露途径风险控制值中的最小值（13.8 mg/kg）；而在非敏感用地非致癌风险情景下，经呼吸吸入途径的风险控制值也为所有暴露途径的风险控制值中的最小值（35.8 mg/kg）。考虑到 Cd 的三种暴露途径的综合风险，在敏感用地非致癌风险情景下，综合的土壤风险控制值为 7.22 mg/kg；在非敏感用地非致癌风险情景下，综合的土壤风险控制值为 28.3 mg/kg。

　　综上，结合本书 4.3 节的结论，建议在一级优先控制区域内的敏感用地采用综合的土壤风险控制值为 7.22 mg/kg 作为其风险量化控制值，而该区域内的非敏感用地采用 28.3 mg/kg 作为其风险量化控制值。由于二级、三级优先控制区域其实基本均未超标，鉴于此土壤重金属的风险控制值也对应着当地土壤重金属污染风险的可接受限值（行动值），故也可初步作为先导区内二级、三级优先控制区域的土壤重金属健康风险的预警阈值。当然必须指出，当区域内的暴露途径、人口密度分布、土地利用功能等发生改变时，决策者可根据表 6.2 中的多暴露途径下先导区土壤健康风险评价模型下 Cd 的风险控制值进行对应修正。

6.3.4　国内外应对土壤重金属污染的经验和技术手段

　　随着全球经济化的迅速发展，含重金属的污染物通过各种途径进入土壤，造成土壤严重污染。土壤重金属污染可引起农作物产量和质量的下降，并可通过食物链的迁移富集而危害人类的健康，也可以导致大气和水环境质量的进一步恶化。因此，城镇土壤重金属污染引起了世界各国的高度重视。许多国家利用先进的技术与严格的法规进行生态治理，积累了大量经验，值得我们学习与借鉴。

（1）德国。

德国的生态治理模式属于典型的"先污染后治理"模式。从 19 世纪初期到 20 世纪 70 年代，德国生态环境一直遭受工业和战争的双重污染和破坏，生态破坏程度和环境污染程度举世罕见：德国境内主要河流不仅没有生物存在，居民甚至无法在其中游泳；整个鲁尔地区昼同黑夜，树木都被煤灰粉尘染成黑色，栖息在树上的蝴蝶竟也将保护色演变成黑色，德国生态环境已经严重影响到德国居民的生命和健康。从 20 世纪 70 年代开始，德国政府相继关闭污染严重的煤炭和化工企业，并投入巨资对废弃厂区进行生态修复；同时，在世界领先的信息技术、生物技术和环保技术的直接推动下，对生态环境的污染进行治理。

首先，利用各种科学技术将渗透在德国土地上的各种重金属和化工有毒物质逐一清除。比如，洛伊纳化工园区在其一百多年的化工生产过程中，以及在二次世界大战期间化工园内的化工厂遭到轰炸导致化工原料和产品外泄，对当地以及周边土地和地下水造成了严重的化学和重金属污染，方圆几十公里内许多植物都无法生存，当地居民都得从百里之外汲取饮用水。德国统一之后，联邦政府不仅投入巨资拆迁园内落后化工企业，而且利用综合科学技术在洛伊纳化工园区周围修建地下大坝，从而对园区内土地和水源进行彻底修复。经过十多年的生态修复，经过园区的地下水虽然还不可以直接饮用，但是地表已经可以让植物存活。

其次，对国民进行全民生态教育。德国的环境教育分为环保习惯养成教育和环境专业知识教育两个部分，家庭垃圾分类等习惯养成教育从幼儿就开始进行，环境专业知识教育则贯穿德国整个学历教育体系。

德国还建立了比较完善的生态监控网络。通过卫星、飞机、雷达、地面和水下传感系统，建立了遍布全国的生态环境监测体系，对德国气候变化、土壤状况、空气质量、降水量、水域治理、污水处理和下水道系统等进行实时监测。比如，为了监测企业排污情况，在企业排污口设置传感器和实况录像系统，任何人都可以通过电脑或者手机等工具随时查看各种数据，参与生态环境监测和管理体系。同时倡导"谁污染谁治理"原则，严格"抓"造成污染的企业来承担产生污染成本。如今，经过30 多年的不懈努力，德国已经成为世界上生态环境最好的国家之一。

（2）英国。

英国是早期工业发展国家，有非常严重的土壤及地下水污染问题。英国最早开采的矿主要是煤炭、铁矿和铜矿，时间都在 300 年以上。随着经济发展和环境保护意识增强，许多矿区早已停止了开采，但是早年开采遗留下的土壤重金属污染问题依然存在。考虑到经济快速发展的需要，1996—1999 年英格兰和威尔士的土壤重金属污染修复技术即使挖出污染土壤并移至别处，但并未解决根本问题。从 20 世纪中叶开始，英国就陆续制定相关的污染控制和管理的法律法规。同时进行土壤改良剂和场地污染修复研究。英国土地修复技术非常规范，分为物理方法、化学方法、生物修复技术 3 方面。

物理方法常见有 3 种：电动土壤修复法，主要适合重金属污染物治理，在电场作用下通过电渗流或电泳等方式使土壤中的重金属被带到电极两端从而清洁污染土壤。热处理法，即对土壤进行加热升温，使挥发性有害重金属或挥发性有机物挥发出土壤并将其收集起来集中进行处理。机械清洗法，该方法是一种较新的石油污染修复技术，采用纯粹的机械方法异位清洗土壤。

化学方法分为化学栅法、化学氧化法和生物修复技术 3 种。化学栅法是利用一种既能透水又具有较强沉淀污染物能力的固体材料，将其置于污染堆积物底层或土壤次表层的含水层，使有机污物滞留在固体材料内，从而达到控制污染物扩散并对污染源进行净化的目的。化学氧化法是向被石油烃类污染的土壤中喷撒或注入化学氧化剂，通过与污染物之间发生氧化还原反应，使污染物以降解、蒸发及沉淀等方式去除掉，最终达到净化的目的。

早在 1983 年，英国就提出了利用超富集植物清除土壤中重金属污染的思想，即生物修复技术。首次利用遏蓝菜属植物修复了长期施用污泥导致重金属污染的土地，证实了此类技术的可行性。目前，英国已开发出多种耐重金属污染的草本植物用于污染土壤中的重金属和其他污染物的治理，并已经将这些草本植物推向商业化进程，建立了超富集植物材料库。

（3）荷兰。

荷兰在工业化初期，由于没有认识到土壤环境保护的重要性，造成了严重的环境污染问题。随着公众环境意识不断提高，荷兰开始关注环境问题，特别是从 20 世纪 80 年代中期开始，采取有效措施加强土壤的环境管理，建立了土壤可持续管理利用工作机制，完善了土壤环境管理的法律及相关标准，政府完成全国土壤污染调查并向社会公众开放土壤污染场地数据管理系统和土壤修复决策工具箱，为企业修复土壤提供技术支持。同时，荷兰的土壤污染修复技术也日趋成熟，国土面积 4.15 万平方千米的荷兰每年要花费 4 亿欧元修复 1500—2000 个场地，预计到 2015 年基本能修复全部污染土壤。

荷兰在 1970 年就着手起草了《土壤保护法》；1983 年出台了工业排放物法律规定；1994 年制定了第一个土壤环境质量标准，出台了荷兰工业活动土壤保护指导意见，规范土壤环境管理。以后将有关法规应用到实践，并在实践中不断完善。一般 5—10 年为一个周期，对标准做一次更新修订。荷兰土壤环境质量标准涉及 100 多种污染物，而且对不同 pH 值条件下土壤重金属含量的标准作出了详细规定。比如对化工企业、加油站、化学物质储存设施等都提出了严格的土壤污染预防要求，严格农业生产中化肥、杀虫剂等农药使用标准和垃圾填埋要求等。

目前，荷兰的土壤污染修复技术主要分为原位修复和异位修复两大类。原位修复是指在现场条件下直接修复受污染的土壤。异位修复是将受污染的土壤挖出后转移到临时场所，用化学和物理方法清洗焚烧、热处理及用生物反应器等进行治理。荷兰不提倡填埋处理，填埋处理只适用于处理成本高、技术上难以处理的土壤，而且还要征收相关的税。

（4）日本。

日本的土地重金属污染曾经非常严重。20 世纪六七十年代，日本经历了快速经济增长期，全国各地出现了严重的环境污染事件，被称为四大公害的痛痛病、水俣病、第二水俣病、四日市病，就有三起和重金属污染有关。

回顾公害历史，日本谈及经验：发生问题的责任在企业，而受害者和企业的个别谈判往往效率都很差，社会成本很高，最终都需要政府介入。政府应该提前用立法的方式进行引导，最终让受害者和企业通过法律方式解决。比如，痛痛病就是日本环境受害者维权取得最彻底胜利的案例，后来成为日本社会重视环境保护的转折点。痛痛病的病症表现为腰、手、脚等关节疼痛，病症持续几年后，患者全身各部位会感到神经痛、骨痛，行动困难，甚至呼吸都会带来难以忍受的痛苦。到了患病后期，患者骨骼软化、萎缩，四肢弯曲，脊柱变形，骨质松脆，就连咳嗽都能引起骨折。患者不能进食，疼痛无比，常常大叫"痛死了！"有的人因无法忍受痛苦而自杀。这种病由此得名为"骨癌病"或"痛痛病"。经过长期研究后发现，"骨痛病"是由于神通川上游的神冈矿山废水引起的镉中毒。镉是重金属，是对人体有害的物质。镉主要是通过消化道和呼吸道摄入被污染的水、食物、空气等进入人体内，随着镉含量的不断积蓄就会造成镉中毒。神冈的矿产企业长期将没有处理的废水排放注入神通川，致使高浓度的含镉废水污染了水源。用这种含镉的水浇灌农田，稻秧生长不良，生产出来的稻米成为"镉米"。"镉米"和"镉水"把神通川两岸的人们带进了"骨痛病"的阴霾中。1968 年开始，患者及其家属对金属矿业公司提出民事诉讼，1972 年审判原告胜诉。

此后，由镉污染受害者自发成立的公民社团，简称协议会，每年都对神冈矿山的镉污染程度进行调查。按协议会的规定，除了当地居民，国内各领域专家、学者都可申请加入。调查团分为水源调查组和土壤调查组，调查团可以检查工厂的每一道工序，包括排污口和污水净化设施。调查之后，双方坐在一起对话协商。由于公众热情参与，不间断地对企业进行监督，矿业公司每年都作公害报告，主动告知神通川河水的镉污染程度。经过数十年的监督，神通川河水里的镉含量如今已经降低到接近自然水平。

（5）美国。

美国将城市化地区受污染土壤界定为"棕色地块"（Brownfield）。对于"棕色地块"的管理与治理主要由联邦政府、州政府、地方政府和社区，以及非政府组织负责实施。此外，在土壤污染整治过程中美国都非常注重环境治理信息的充分公开。在土壤及地下水污染控制与管理过程中，其风险评估、整治技术及标准、整治单位、土地利用规划方向都由中央政府、地方政府、社区居民与专家学者通过会议、座谈等方式商讨，最终达成"双赢"的目的。

美国从危险废弃物管理角度对受污染土壤进行管理，并制定了极为严格的法律、法规。主要涉及到以下几个法律：《固体废物处置法》又称《资源保护和回收法》，《综合环境反应、补偿和责任法》又称"超级基金法"。此外，美国的《清洁水法》《安全饮用水法》《有毒物质控制法》等法规也涉及土壤保护，形成了较为完备的土壤保护和污染土壤治理的法规体系。另外，美国EPA于1997年5月制定了《棕色地块全国联合行动议程》，将经济发展和社区复兴同环境保护结合起来，由公共部门和私人机构携手共同来解决"棕色地块"环境污染问题。

国内外土壤修复的技术手段主要包括：

（1）化学修复技术。

化学固化法就是加入土壤添加剂（固化剂）改变土壤的理化性质。该方法通过重金属的吸附或共沉淀作用改变其在土壤中的存在形态，从而降低其生物有效性和迁移性。但化学固化法并不是一个永久性的措施，它只是（暂时）改变了重金属在土壤中的存在形态，重金属仍持留在土壤中。而且土壤很难恢复到原始状态，不适宜进一步利用，而且对其长期稳定性和对生态系统的影响仍不甚了解，目前缺乏这方面的研究。因此很多学者对这一方法持怀疑态度。

土壤淋洗即利用提取剂将土壤中的固相重金属转移至液相中，含有提取剂的土壤经清水洗涤后归还原位再利用，富含重金属的废液则进行进一步的处理处置。本技术的关键在于提取剂的选择，即能提取重金属，又不破坏土壤的结构。但事实上这样的提取剂较难找到，而且如果处理不当的话，引入的提取剂很有可能造成二次污染。因此美国的工程技术人员在 1988—1991 年间对一个电镀厂造成的铬污染进行治理时，干脆利用清水做为提取剂，4 年内使地下水的铬浓度从 1923 mg/L 降至 65 mg/L。

电化学修复是指在污染土壤中插入电极对，并通以直流电。使重金属在电场作用下通过电渗析向电极室运输，然后通过收集系统将其收集，并做进一步的集中处理。动电修复做为一种原位修复技术，近年来发展很快，并且从经济上而言也是可行的，但由于土壤系统中组分的复杂性，经常出现实际应用与实验结果相反的现象，从而使这一方法的商业化推广受到了限制。

拮抗作用控制，土壤环境中重金属之间具有拮抗作用，如重金属与 Zn、Cu 等元素具有拮抗性，因此可向某一种金属元素轻度污染土壤中施入少量的对人体没有危害或有益的与该金属有拮抗性的另一重金属元素，减少植物对该重金属的吸收以及土壤中重金属的有效态含量。已有试验证明，土壤中适宜的 $w(Cd)/w(Zn)$ 比可以抑制植物对 Cd 的吸收，因此，可以通过向 Cd 污染土壤中加入适量 Zn，调节 $w(Cd)/w(Zn)$，如此抑制 Cd 在植物体内的富集。另有研究表明，一定含量的硅能降低植株对锰的吸收，同时提高植株对锰的耐受力。

(2) 植物修复技术。

植物修复是一种利用自然生长植物或遗传培育植物修复重金属土壤污染技术的总称。根据其作用过程和机理，可分为植物稳定、植物提取和植物挥发三种方法。其中，植物挥发主要是指利用植物的吸收、积累和挥发减少土壤中的一些挥发性污染物，如金属元素 Hg 和非金属元素 Se，不适用于对土壤铬等难挥发污染物的治理，这种方法对于土壤修复而言，不失为一种有潜力的技术，但却将土壤中的污染物转移到了大气中，具有很大的"二次"环境风险。植物稳定是利用耐重金属植物降低重金属在土壤中的迁移性，从而减少重金属被淋滤到地下水或通过空气扩散进一步造成环境污染的可能性。然而，植物稳定并没有彻底清除土壤中的重金属，只是将其固定化，使其对环境中的生物暂时不产生毒害作用，并没有从根本上解决重金属的污染问题。如果环境条件发生变化，重金属的生物有效性可能又会发生改变。因此，植物稳定化技术的持久性令人怀疑。植物提取是指利用重金属超积累植物从土壤中富集一种或几种重金属，将其转移并存贮至可收割的部分，经收割后进行集中处理。但是，超积累植物对金属具有选择性，其他的金属对植物的生长有影响，这种影响甚至是致命的而且超积累植物生长慢、生物量小、大多数为莲座生长，很难进行机械操作，因而暂时不适用于大面积污染土壤的修复。

（3）微生物修复技术。

有些微生物具有嗜重金属性，利用微生物对重金属污染介质进行净化，在水体污染中被证明是一种很好的方法。如果用于土壤环境的处理，可能是一种行之有效的方法，目前学界已进行了积极研究。据报道，日本发现一种嗜重金属菌，能有效地吸收土壤中的重金属，但存在着土壤与微生物分离的难题，如此可能会导致生物入侵的问题。如果得到妥善的解决，将是一种很有发展前景的处理方法。

（4）农业措施。

农业措施是因地制宜地调整一些耕作管理制度以及在污染土壤上种植不进入食物链的植物等，从而改变土壤中重金属活性，降低其生物有效性，减少重金属从土壤向作物的转移，达到减轻其危害的目的。农业措施主要包括控制土壤水分、改变耕作制度、调整作物种类、合理施用有机肥等。有研究表明，通过控制土壤水分和调节土壤 Eh 值后，土壤中重金属的活性受到该土壤氧化还原状况的"钝化"影响，因而通过科学地控制土壤水分和调节土壤氧化还原状况，可达到降低土壤重金属危害的作用。

合理施用有机肥。合理施用堆肥、厩肥、植物秸秆等有机肥，不仅可以改善土壤的理化性状、增加土壤有机质，而且可以增加土壤胶体对重金属和农药的吸附能力，同时影响重金属在土壤中的形态及植物对其的吸收。有机质作为还原剂，可促进土壤中的镉形成硫化镉沉淀，促进毒性较高的 Cr^{6+} 变成毒性较低的 Cr^{3+}。向 Cd 污染土壤中加入有机肥，由于有机肥中大量的官能团和较大比表面积的存在，可促进土壤中的重金属离子与其形成重金属有机络合物，增加土壤对重金属的吸附能力，提高土壤对重金属的缓冲性，从而减少植物对其的吸收，阻碍重金属进入食物链。

上述的土壤修复技术各有优缺点。应当指出，由于经济和技术上的原因，例如成本高、实地应用经验不足及处理效果不稳定等，致使上述很多技术尚没有进入商业化应用阶段。目前应用最广泛的还是固化和淋洗技术，即使是在经济、技术发达的西方国家诸如美国等也是如此。因此，建议在我国首先可以利用上述方法的合理组合对污染土壤进行污染控制，并根据本书前述章节提出的不同土地利用类型下的风险控制值（或经综合考虑后制定的清理值）进行有针对性的环境修复，并大力地开展城镇土壤重金属污染机理的研究，尽早开发出一套适应于不同土壤类型的重金属修复技术备选清单，并将其融合到城镇土壤环境综合信息数据库中，为城镇土壤重金属污染健康风险的修复管理提供良好的技术支撑。

6.4　小结

（1）研究初步架构了一个集城镇土壤环境污染监测、城镇土壤潜在风险重金属识别、城镇土壤优先重金属的层次风险评价、城镇土壤重金属污染健康风险定量管控和城镇土壤环境综合信息数据库为一体的城镇土壤重金属污染的风险量化管理决策体系，并对各子系统的运行流程和实现技术方法进行了说明。

（2）将所建的高效城镇土壤环境重金属污染层次风险评价与风险管理体系应用于长沙市先导区土壤环境重金属的评价与管理中，结果表明所建体系在先导区土壤环境污染监测、先导区土壤潜在风险重金属识别、先导区土壤优先重金属的层次风险评价、土壤优先重金属的来源综合分析和先导区土壤重金属污染健康风险定量管控等方面均可基本满足设计需要，并且其建立过程对国内外城镇各环境介质污染物的风险评价与管理体系构建都可提供类比参考和实践经验。

（4）为对城镇土壤优先控制重金属的风险进行量化控制，基于4.3节的结果，建议在一级优先控制区域内的敏感用地采用综合的土壤风险控制值为7.22 mg/kg作为其风险量化控制值，而该区域内的非敏感用地采用28.3 mg/kg作为其风险量化控制值；而在二级、三级优先控制区域以土壤重金属的风险控制值作为重金属健康风险的预警阈值。

（5）必须指出所建体系在一些方面仍需要进一步地完善与改进，其中包括如何更好地将所建体系利用计算机编程来实现其自动化、如何使所建数据库可以与相关决策者的管理数据库友好对接等。

参 考 文 献

[1]曹希寿．区域环境风险评价与管理初探．中国环境科学，1994，14（6）：465-470.

[2]段小丽，李屹，赵秀阁，等．"十二五"我国环境与健康标准体系的思考．环境工程技术学报，2011，1（3）：210-214.

[3]张晏，汪劲．我国环境标准制度存在的问题及对策．中国环境科学，2012，32（1）：187-192.

[4]姜贵梅，楚春礼，徐盛国，等．国际环境风险管理经验及启示．环

境保护，2014，42(8)：61-63.

[5]冷罗生．日本公害诉讼理论与案例评析．北京：商务印书馆，2005，
　　20-57.

[6]段小丽．美国环境健康工作的启示．环境与健康杂志，2008，25
　　(1)：2-3.

[7]孟伟，闫振广，刘征涛．美国水质基准技术分析与我国相关基准的
　　构建．环境科学研究，2009，22(7)：757-761.

[8]刘鑫．基于 ERP 理论的省工商局财务管理系统的研究：[湖南大学
　　硕士学位论文].长沙：湖南大学软件学院，2012.

[9]Li F，Huang J，Zeng G，et al. Multimedia health impact assessment：a
　　study of the scenario-uncertainty. Journal of Central South University，
　　2012，19，2901-2909.

[10]段小丽．暴露参数的研究方法及其在环境健康风险评价中的应用．
　　北京：科学出版社，2012.

第7章 结论与展望

7.1 主要结论

研究针对城镇土壤重金属污染引发城镇人群健康风险的特点，基于对国内外城镇土壤重金属污染评价、健康风险评价和管理理论、污染来源解析和系统不确定性控制理论的研究演进和现存不足的综合分析，借助 3S 技术、模糊数学、随机理论、多元统计分析和健康风险模型等技术手段，展开了不确定环境下的高效城镇土壤环境重金属污染层次健康风险评价与风险管理体系的探索研究。主要研究结论包括：

（1）通过实地布点采样与检测分析技术、多元统计分析和 3S 技术全面地研究了城镇不同土地利用方式下土壤中重金属的总量、土壤中重金属化学形态的构成和土壤理化性质参数的空间相互关系（以长沙市先导区土壤环境为研究对象），并以此为基础，分别对不同土地利用方式下土壤中的重金属与土壤理化性质进行了多元统计分析和空间分析，为城镇不同土地利用方式下土壤重金属污染的特征解析、预测和进一步的评价与管理提供了数据理论基础。

（2）在地累积指数评价模型的基础上，建立了基于重金属生物可利用性的土壤重金属污染随机模糊综合评价模型。模型嵌入了可同时量化表征不同重金属自身生物毒性差异及同一重金属不同化学形态组成的生物可利用性差异的土壤重金属生物毒性双权重评价系数，这在一定程度

209

上避免了低估有些浓度低但主要以高生物可利用性形态存在的重金属污染作用或者高估那些浓度高但主要以低生物可利用性形态存在的重金属污染作用。同时引入数学运算效率较高，并对实际中常见的贫数据或低精度数据具有很好适用性的随机模糊耦合方法来量化降低本模型评价过程中的参数不确定性。与常用污染评价模型的比对分析显示，所建模型较好地弥补了常用确定性评价的不足，能更全面、真实地综合表征评价区域土壤重金属富集污染和生物可利用性信息，提高了评价模型的分辨力，为土壤重金属的污染评价提供了新的思路，将其作为城镇土壤重金属污染风险的初步识别工具可为高效的土壤重金属健康风险评价提供关键技术支撑。

（3）建立了基于重金属生物可利用性和土地利用方式的城镇土壤环境重金属污染的层次风险评价模型。模型首先借助 3S 技术对不同土地利用方式下受体的暴露评价模型进行了优化选择，并同时将对重金属的层次生物可利用性和区域可能受体分布密度的量化考量嵌入经典的健康风险评价方法，经实例验证，所建方法降低了国内外评价体系中常因将暴露风险与其可能受体分布割裂，将重金属总量作为其污染特征的单一表征指标和暴露模型的不当选择而带来的不确定性，能够提供给决策者更全面、更准确的优先控制污染物和优先控制区域的信息，从而辅助其制定灵活且高效的层次风险管理策略，尤其对环境管理预算较贫乏的发展中国家有着重要的现实意义。

（4）在上述研究的基础上，创新地建立了城镇土壤重金属污染的风险量化管理决策体系，并阐述了体系的运转操作步骤，经实例验证，该体系在成本-收益的考量下可科学、高效地评价城镇土壤环境重金属的健康风险现状，并与城镇土壤环境综合信息数据库的设计与开发相联系，根据土壤环境信息的变化具有风险预警能力，同时建立了城镇土壤重金属的来源综合解析方法，由此可明确土壤重金属污染来源与责任。所建体系可以初步建立分土地类型、分区域的土壤环境重金属目标值和行动值，并可辅助决策者制定相关的配套法律法规，这在国内外暂时未有关于城镇土壤风险环境评价与管理的标准化框架和国内外城镇环境风险评价与管理中社会、经济成本逐渐提高的双重背景下，具有较高的科研和社会价值。

研究针对现国内外城镇土壤重金属污染评价、健康风险评价和管理理论、土壤重金属来源解析等领域技术方法中的不足，探索和发展了科学、高效的城镇土壤重金属风险评价和管理体系所需的新方法和新模型，并最后以所建的基于重金属生物毒性双权重的城镇土壤重金属污染的随机模糊评价模型，3S 技术下的城镇土壤中重金属的层次风险评价与管理技术和城镇土壤重金属污染的来源综合分析技术为核心子模块，初步架构了集城镇土壤环境污染监测、城镇土壤潜在风险重金属识别、城镇土壤优先重金属的层次健康风险评价、城镇土壤重金属污染健康风险定量管控和基于 ERP 架构的城镇土壤环境综合信息数据库为一体的高效城镇土壤环境重金属污染层次健康风险评价与管理体系。所建体系可辅助包括区域土壤修复决策、地区性土壤标准值与行动值的制定及相关政策法规的建立，具有很强的现实和战略意义。同时，研究对先导区两型社会建设中土壤重金属风险管控有一定的指导意义，更为国内外城镇土壤污染风险优化管理体系的发展提供了重要理论依据和实践经验。

7.2　创新点

本书研究工作在以下方面具有创新性：

（1）构建了可量化表征不同重金属自身生物毒性及同一重金属不同化学赋存形态生物毒性的土壤重金属生物毒性双权重评价系数，并将其嵌入地累积指数评价模型，而后辅助以随机模糊理论下的参数不确定性控制技术，建立了基于重金属生物毒性双权重的城镇土壤重金属污染的随机模糊评价模型，经过实例验证，所建模型较好地弥补了确定性评价的不足，并能真实地综合表征评价区域土壤重金属富集污染和潜在生物毒性风险信息，将其作为健康风险评价前的初步风险识别工具，可一定程度地提高后续风险评价与管理的工作效率。

（2）创新地将土壤重金属的生物可利用性和总量健康风险评价模型有机地融合了起来，并根据 3S 技术下制作的先导区土地利用现状图基础上分别建立了敏感和非敏感用地方式下的城镇土壤环境重金属污染的层次健康风险评价模型，最后将区域层次风险评价结果与该区域可能的受体分布密度关联了起来，形成了城镇土壤重金属的层次健康风险评价方法，经过实例验证，所建方法得出的综合层次健康风险地图可为相关决策者做出更灵活、更高效的城镇土壤重金属健康风险管理决策提供关键技术支撑。

（3）在成本-收益的考虑下发展了基于多元统计分析结果、3S 技术下的污染物空间分析结果和历史资料的搜集分析的土壤污染物的来源综合解析技术，通过实例研究和实地污染调查验证可知，所建方法显著降低了较多研究中仅采用多元统计分析方法进行来源解析而带来的不确定性，可以更全面、更准确地识别城镇土壤重金属的污染来源，这有助于从源头管控城镇土壤优先污染物。

（4）建立了城镇土壤重金属污染健康风险管理决策体系，该体系集成了环境数据采集与采样分析、城镇土壤环境污染物空间环境地球化学特征分析、城镇土壤重金属层次健康风险评价、城镇土壤风险来源综合解析技术和高效污染风险量化管理决策五个子系统，经过实例验证，所建体系基本满足设计需要，并且其建立过程对国内外城镇各环境介质污染物的风险评价与管理体系构建都可提供一定的理论参考和实践经验。

7.3　展望

上述结论说明本研究基本达到了最初拟定的研究目的，所建城镇土壤环境重金属污染层次风险评价与风险管理体系展现了良好的区域优先污染物和优先控制区域的筛选识别能力及风险量化管理能力，但本书所建体系尚处于起步阶段，其中的部分理论和技术方法还不够完善，在研究中还有一些问题有待进一步探讨和研究：

（1）城镇土壤重金属的动态监测。研究提出了先利用中等网格布点法和人工布点法相结合的初次采样方案，而后根据优先污染物和优先控制区域的识别结果，在下一周期的监测采样中就可以科学地降低或提高不同污染优先级区域的采样密度和采样时间间隔，达到动态监测的目的；但是由于暂时缺乏时序研究的数据，暂未能量化动态监测可能带来的成本-效益效应，故需要进一步研究。

（2）不同重金属形态提取方法下不确定性的量化表征。研究中层次生物可利用性是基于 US EPA 推荐的 Tessier 经典连续提取法，但是现今国内外的土壤重金属的形态分析方法较多，较为常见的还有欧盟推荐的BCR 法；并且长期以来，学者们对于重金属总量、形态与重金属毒性之间相互关系的研究结论不一，故需要对在重金属不同形态提取方法下所得结论的统一性和差异性、重金属的总量及其对应赋存形态组成之间的相关性进行更加深入的探索研究，这对所建方法在国内外推广使用来说至关重要。

（3）城镇受体人群的流行病学调查及相关的剂量-效应关系研究。研究中的健康风险评价中的城镇受体人群暴露参数主要参考于《导则》和已发表的文献，但我国幅员辽阔，每个城镇里不同土地利用方式下、不同年龄段的受体人群都有着自身的生活和工作特征等，这都会造成城镇受体在体重、寿命、呼吸速率和暴露时间等参数指标上的差异，从而导致风险评价结果的不确定性，故建议进一步对该区域进行流行病学调查；并且，我国十分缺乏关于人体健康的剂量-效应关系研究，这导致无法从根本上形成我国特色的健康风险评价模型，故需要加强此方面的相关研究工作。

（4）城镇环境污染层次风险评价与管理体系的兼容化和自动化。研究初步架构了城镇土壤环境重金属污染层次健康风险评价与管理体系并发展了相关的支撑技术，然而由于编著者的知识能力限制，暂时未能将所建的风险评价与管理体系通过计算机编程而完全实现软件自动化，并且城镇环境作为复杂的大系统，未来其风险评价和管理体系的对象势必逐渐向兼容水、大气、土壤和生物等多介质环境中的多种环境污染物（包括重金属、有机物等）为一体的信息自动化管控发展，基于物联网+和 3S 技术的多尺度（Multi-scale）、多介质（Multimedia）、多受体（Multi-exposure）和多目标（Multi-target）的环境健康管控智慧系统是大势所趋，故在今后的研究中将着力发展出专利化的城镇多介质环境风险评价与管理软件及相关的手机 APP、个人健康风险评价科技穿戴等科技产品。

（5）大数据环境下跨国或跨省市的城镇土壤重金属风险评价与管理体系的联网协作。鉴于现今大数据环境的存在现实、我国 3S 技术的快速发展（例如我国高分一、二号卫星均已投入使用阶段等）及环境执法的客观需要，跨国或跨省市的城镇土壤重金属风险评价与管理体系的联网协作将成为未来环境风险管控的重要内容，其中跨区域各部门数据信息的录入、共享和加密等都需要深入研究，与此同时建议整合作为污染物来源的相关企业投入产出数据以便明确污染责任和从源头控制污染，风险修复步骤中建议建立环境修复企业及其修复方法技术参数数据库以方便决策者进行修复技术可行性比选，实现不同尺度下城镇污染物的健康风险实时、分级管理与决策。

附录 ERFA_SHM_V1.0 源程序

（1）ERFA_SHM_V1.0.h

//主程序的头文件，定义计算使用的变量和函数

// ERFA_SHM_V1.0.h：PROJECT_NAME 应用程序的主头文件

//


```
#pragma once

#ifndef __AFXWIN_H__
    #error "在包含此文件之前包含"stdafx.h"以生成 PCH 文件"
#endif

#include "resource.h"      // 主符号
#define ZERO 1.0e-8//定义零，判断两个值是否相等
#define ALFA   0.9//宏定义 alfa=0.9
#define K   1.5//K 为修正造岩运动引起的背景波动而设定的系数，
一般取值为.5
#define P   1//P 为与受体相关的预留可选参数，暂设 P=1

class CERFA_SHM_V10App : public CWinApp
```

```
{
public:
    CERFA_SHM_V10App();

    //重写
public:
    virtual BOOL InitInstance();

    //实现
    CString csImportFileName;
    CString csResultFileName;
    int importSmlMtlData();
    int importSmlMtlSpData();
    int importLrgMtlData();
    int importLrgMtlSpData();

    CString csHeavyMetalName;
    double u; //生物毒性权重系数
    double B; //地球化学背景值

    long nSamples; //样本点个数
    double * xCoor, * yCoor; //大中区域样本点坐标
    double * heavyMetal;    //存储样本点的重金属含量
    double * standardDeviation; //大、中区域每个采样点重金属含量
的标准差
    double * chmclSpctnPrptn[5]; //存储五种化学形态的百分比,
例如%,存的是.5
                //chmclSpctnPrptn[0][i]:采样点 i 的可交换
```

态百分比

　　　　　　　　//chmclSpctnPrptn[1][i]：采样点 i 的碳酸盐结

合态百分比

　　　　　　　　//chmclSpctnPrptn[2][i]：采样点 i 的铁锰氧化结

合态百分比

　　　　　　　　//chmclSpctnPrptn[3][i]：采样点 i 的有机络合

态百分比

　　　　　　　　//chmclSpctnPrptn[4][i]：采样点 i 的残渣态

百分比

　　double Q[5][3]；//五种化学形态的生物毒性权重系数的三角模

糊数，如[5]代表五种形态，[3]代表(a，b，c)//在构造函数中初始化

　　double Qalfa[5][2]；//五种化学形态的生物毒性权重系数的 alfa

截集，如[5]代表五种形态，[2]代表[QalfaL，QalfaR]//在构造函数中

计算

　　//评价结果

　　double Alambd[7]；//Igeo 对各个等级的隶属度，即对各等级污

染的可信度

　　double finalI；//重金属的模糊地累积指数

　　int level；//重金属污染等级

　　double R_L，R_R；//重金属的污染综合评价值

　　void compute_OutputSmlMtlData()；//计算小尺度区域不考虑化

学形态的数据

　　void compute_OutputSmlMtlSpData()；//计算小尺度区域考虑化

学形态的数据

　　void compute_OutputLrgMtlData()；//计算大、中尺度区域不考虑

化学形态的数据

void compute_OutputLrgMtlSpData( )；//计算大、中尺度区域考虑化学形态的数据

double Ca，Cb，Cc；//临时变量，重金属含量的三角模糊数

double W[5]；//临时变量，平均以后的五种化学形态的百分比

void computSmallScaleTriFuzzyNum( )；//计算小尺度区域重金属含量的三角模糊数

void computLargeScaleTriFuzzyNum(long sampleIndex)；//计算大、中尺度区域重金属含量的三角模糊数

void computandOutputLevel(FILE ＊ stream)；

void computandOutputR(FILE ＊ stream)；

/////////////////////////

DECLARE_MESSAGE_MAP( )

};

extern CERFA_SHM_V10App theApp；

(2)ERFA_SHM_V1.0. cpp

//主程序的 C++实现文件，控制计算流程

// ERFA_SHM_V1.0. cpp ：定义应用程序的类行为。

CERFA_SHM_V10App ∷ CERFA_SHM_V10App( )

{

// TODO：在此处添加构造代码，

//将所有重要的初始化放置在 InitInstance 中

csHeavyMetalName = " Cd" ；

```
    int i;
    for(i=0; i<5; i++)
    {
       Q[i][0]=5-i-1;
       Q[i][1]=5-i;
       Q[i][2]=5-i+1;
    }
    for(i=0; i<5; i++)
    {
       Qalfa[i][0]=ALFA*(Q[i][1]-Q[i][0])+Q[i][0];
       Qalfa[i][1]=Q[i][2]-ALFA*(Q[i][2]-Q[i][1]);
    }
}
```

//唯一的一个 CERFA_SHM_V10App 对象

CERFA_SHM_V10App theApp;

// CERFA_SHM_V10App 初始化

```
BOOL CERFA_SHM_V10App∷InitInstance()
{
    //如果一个运行在 Windows XP 上的应用程序清单指定要
    //使用 ComCtl32.dll 版本 6 或更高版本来启用可视化方式,
    //则需要 InitCommonControlsEx()。否则, 将无法创建窗口。
    INITCOMMONCONTROLSEX InitCtrls;
    InitCtrls.dwSize=sizeof(InitCtrls);
    //将它设置为包括所有要在应用程序中使用的
```

```
//公共控件类。
InitCtrls. dwICC = ICC_WIN95_CLASSES;
InitCommonControlsEx( &InitCtrls);

CWinApp∷InitInstance();

AfxEnableControlContainer();

//标准初始化
//如果未使用这些功能并希望减小
//最终可执行文件的大小，则应移除下列
//不需要的特定初始化例程
//更改用于存储设置的注册表项
// TODO：应适当修改该字符串
//例如修改为公司或组织名
SetRegistryKey(_T("应用程序向导生成的本地应用程序"));

CERFA_SHM_V10Dlg dlg;
m_pMainWnd = &dlg;
INT_PTR nResponse = dlg. DoModal();
if (nResponse == IDOK)
{
    // TODO：在此放置处理何时用
    // "确定"来关闭对话框的代码
}
else if (nResponse == IDCANCEL)
{
    // TODO：在此放置处理何时用
```

```
    //  "取消"来关闭对话框的代码
  }


  //由于对话框已关闭, 所以将返回 FALSE 以便退出应用程序,
  //而不是启动应用程序的消息泵。
  return FALSE;
}
int CERFA_SHM_V10App∷importSmlMtlData( )
{
  FILE  * stream;
  long i;
  long index;


  stream = fopen( csImportFileName, _T("r") );
  if( stream ! = NULL )
  {
    fscanf( stream,"%ld", &nSamples);
    if( nSamples >= 1)
    {
      heavyMetal = new double[ nSamples];
      for( i = 0; i<nSamples; i++)
        fscanf( stream,"%ld%Lf", &index, &( heavyMetal[i]));
    }
    else
    {
      AfxMessageBox("样本点个数为零!");
      return 1;
    }
```

```
        fclose(stream);
    }
    return 0;
}
int CERFA_SHM_V10App :: importSmlMtlSpData()
{
    FILE  * stream;
    long i, j;
    long index;

    stream = fopen(csImportFileName, _T("r"));
    if( stream ! = NULL )
    {
        fscanf(stream,"%Ld", &nSamples);
        if(nSamples >= 1)
        {
            heavyMetal = new double[nSamples];

            for(j=0; j<5; j++)
                chmclSpctnPrptn[j] = new double[nSamples];

            for(i=0; i<nSamples; i++)
            {
                fscanf(stream,"%Ld%Lf", &index, &(heavyMetal[i]));
                for(j=0; j<5; j++)
                    fscanf(stream,"%Lf", &(chmclSpctnPrptn[j][i]));
            }
        }
```

```
    else
    {
        AfxMessageBox("样本点个数为零!");
        return 1;
    }
    fclose(stream);
}
return 0;
}
int CERFA_SHM_V10App :: importLrgMtlData()
{
    FILE * stream;
    long i;
    long index;

    stream = fopen(csImportFileName, _T("r"));
    if( stream ! = NULL )
    {
        fscanf(stream,"%Ld", &nSamples);
        if( nSamples >= 1)
        {
            xCoor = new double[nSamples];
            yCoor = new double[nSamples];
            heavyMetal = new double[nSamples];
            standardDeviation = new double[nSamples];

            for(i=0; i<nSamples; i++)
```

```
        fscanf( stream ," %Ld% Lf% Lf% Lf% Lf" , &index, &( xCoor[ i ]) , &
( yCoor[ i ]) , &( heavyMetal[ i ]) , &( standardDeviation[ i ]) ) ;
        }
      else
      {
        AfxMessageBox( "样本点个数为零!" ) ;
        return 1 ;
      }
      fclose( stream ) ;
    }

  return 0 ;
}
int CERFA_SHM_V10App ∷ importLrgMtlSpData( )
{
  FILE  * stream ;
  long i,  j ;
  long index ;

  stream = fopen( csImportFileName, _T( "r" ) ) ;
  if( stream ! = NULL )
  {
    fscanf( stream ," %Ld" , &nSamples ) ;
    if( nSamples >= 1 )
    {
      xCoor = new double[ nSamples ] ;
      yCoor = new double[ nSamples ] ;
      heavyMetal = new double[ nSamples ] ;
```

```
standardDeviation = new double[nSamples];

for(j=0; j<5; j++)
    chmclSpctnPrptn[j] = new double[nSamples];

for(i=0; i<nSamples; i++)
    {
fscanf(stream," %Ld% Lf% Lf% Lf% Lf", &index, &(xCoor[i]), &
(yCoor[i]), &(heavyMetal[i]), &(standardDeviation[i]));
        for(j=0; j<5; j++)
            fscanf(stream," %Lf", &(chmclSpctnPrptn[j][i]));
    }
    }
    else
    {
    AfxMessageBox("样本点个数为零!");
    return 1;
    }
    fclose(stream);
    }
    return 0;
}
void CERFA_SHM_V10App :: compute_OutputSmlMtlData()
{
    FILE * stream;
    stream = fopen(csResultFileName, _T("w"));

    if( stream ! = NULL )
```

```
    {
        fprintf(stream,"小尺度区域：基于土壤重金属总量数据的评
价结果\n\n");
        fprintf(stream,"*********************重金属基本信息
*********************\n");
        fprintf(stream,"重金属名称:%s\n", csHeavyMetalName);
        fprintf(stream,"重金属生物毒性权重系数:%g\n", u);
        fprintf(stream,"地球化学背景值:%g\n", B);
        fprintf(stream,"样本点个数:%d\n\n", nSamples);

        computSmallScaleTriFuzzyNum();  //计算小尺度区域重金属
含量的三角模糊数 Ca, Cb, Cc
        computandOutputLevel(stream);  //计算并输出小尺度区域重
金属污染等级
        fclose(stream);
    }
}
void CERFA_SHM_V10App∷compute_OutputSmlMtlSpData()
{
    FILE  * stream;
    stream=fopen(csResultFileName,  _T("w"));

    if( stream ！ = NULL )
    {
        fprintf(stream,"小尺度区域：基于土壤重金属总量和化学形
态数据的评价结果\n\n");
        fprintf(stream,"*********************重金属基本信息
*********************\n");
```

```
        fprintf(stream,"重金属名称:%s \ n", csHeavyMetalName);
        fprintf(stream,"重金属生物毒性权重系数:%g \ n", u);
        fprintf(stream,"地球化学背景值:%g \ n", B);
        fprintf(stream,"样本点个数:%d \ n \ n", nSamples);


        computSmallScaleTriFuzzyNum(); //计算小尺度区域重金属
含量的三角模糊数 Ca, Cb, Cc


        computandOutputLevel(stream); //计算并输出小尺度区域重
金属污染等级


        //计算五种化学形态的平均百分比
        long i, j;
        for(i=0; i<5; i++) W[i]=0;


        for(i=0; i<5; i++)
           for(j=0; j<nSamples; j++)
              W[i] += chmclSpctnPrptn[i][j];
        for(i=0; i<5; i++)
              W[i]=W[i]/nSamples;


        computandOutputR(stream); //计算并输出小尺度区域重金
属污染综合指数
     fclose(stream);
     }
  }
  void CERFA_SHM_V10App∷compute_OutputLrgMtlData()
  {
```

```
long i, j;

int ∗allLevel; //存储所有采样点的污染等级
double ∗allAlambd[7]; //存储所有采样点对各污染等级的可
信度
allLevel=new int[nSamples];
for(i=0; i<7; i++)
    allAlambd[i]=new double[nSamples];

FILE ∗stream;
stream=fopen(csResultFileName, _T("w"));

if( stream ! = NULL )
    {
    fprintf(stream,"大、中尺度区域: 每个采样点基于土壤重金
属总量+标准差数据的评价结果\n\n");
    fprintf(stream," ∗∗∗∗∗∗∗∗∗∗∗∗∗∗∗∗∗∗∗∗∗∗ 重金属基本信
息 ∗∗∗∗∗∗∗∗∗∗∗∗∗∗∗∗∗∗∗∗∗∗ \n");
    fprintf(stream,"重金属名称:%s\n", csHeavyMetalName);
    fprintf(stream,"重金属生物毒性权重系数:%g\n", u);
    fprintf(stream,"地球化学背景值:%g\n", B);
    fprintf(stream,"样本点个数:%d\n\n", nSamples);

    for(i=0; i<nSamples; i++)
        {
        fprintf(stream," \n\n∗∗∗∗∗∗∗∗∗∗∗∗∗∗∗∗∗∗∗∗∗∗ 采样
点:%d ∗∗∗∗∗∗∗∗∗∗∗∗∗∗∗∗∗∗∗∗∗∗ \n", i+1);
        fprintf(stream,"采样点坐标: (%g,%g)\n\n", xCoor
```

[i]，yCoor[i]）；

computLargeScaleTriFuzzyNum(i)；//计算大、中尺度区域
重金属含量的三角模糊数 Ca，Cb，Cc

computandOutputLevel(stream)；//计算并输出大、中尺度
区域重金属含量的污染等级

//存储所有采样点的结果以供输出
allLevel[i]=level；
for(j=0；j<7；j++)
allAlambd[j][i]=Alambd[j]；
}

fprintf(stream,"\n*******************所有采样点结果
汇总*******************\n")；

fprintf(stream,"采样点序号 污染等级 0 级可信度 1 级可信度
2 级可信度 3 级可信度 4 级可信度 5 级可信度 6 级可信度\n")；

for(i=0；i<nSamples；i++)
{

fprintf(stream,"%6d   %d   %6.3f   %6.3f
%6.3f   %6.3f   %6.3f   %6.3f   %6.3f\n"，i+1，
allLevel[i]，allAlambd[0][i]，allAlambd[1][i]，allAlambd[2][i]，
allAlambd[3][i]，allAlambd[4][i]，allAlambd[5][i]，allAlambd[6]
[i])；
}

```
      fclose(stream);
  }


  delete allLevel;
  for(i=0; i<7; i++) delete allAlambd[i];

}
void CERFA_SHM_V10App∷compute_OutputLrgMtlSpData()
{
  long i, j;

int  * allLevel; //存储所有采样点的污染等级
double  * allAlambd[7]; //存储所有采样点对各污染等级的可
信度
double  * allR_L, * allR_R; //存储所有采样点的污染综合评
价值

allLevel = new int[nSamples];
allR_L = new double[nSamples];
allR_R = new double[nSamples];
for(i=0; i<7; i++)
   allAlambd[i] = new double[nSamples];

FILE  * stream;
stream = fopen(csResultFileName, _T("w"));

if( stream ! = NULL )
{
```

```
    fprintf(stream,"大、中尺度区域：每个采样点基于土壤重金属
总量+标准差和化学形态数据的评价结果 \ n \ n");
    fprintf(stream," ************************** 重金属基本信息
********************** \ n");
    fprintf(stream,"重金属名称:%s \ n", csHeavyMetalName);
    fprintf(stream,"重金属生物毒性权重系数:%g \ n", u);
    fprintf(stream,"地球化学背景值:%g \ n", B);
    fprintf(stream,"样本点个数:%d \ n \ n", nSamples);


    for(i=0; i<nSamples; i++)
    {
        fprintf(stream," \ n \ n ********************** 采样点:%
d ************************* \ n", i+1);
        fprintf(stream,"采样点坐标：(%g,%g) \ n \ n", xCoor
[i], yCoor[i]);


        computLargeScaleTriFuzzyNum(i);  //计算大、中尺度区域重
金属含量的三角模糊数 Ca，Cb，Cc
        computandOutputLevel(stream);  //计算并输出大、中尺度区
域重金属含量的污染等级


        //五种化学形态的百分比
        for(j=0; j<5; j++) W[j]=chmclSpctnPrptn[j][i];
        computandOutputR(stream);  //计算并输出大、中尺度区域
重金属的污染综合指数


        //存储所有采样点的结果以供输出
        allLevel[i]=level;
```

```
        for(j=0; j<7; j++)
          allAlambd[j][i]=Alambd[j];
        allR_L[i]=R_L;
        allR_R[i]=R_R;
      }


  fprintf(stream," \ n ******************** 所有采样点结果汇
总 ******************** \ n");


  fprintf(stream,"采样点序号 污染等级 0 级可信度 1 级可信度 2 级
可信度 3 级可信度 4 级可信度 5 级可信度 6 级可信度 综合评价值 \ n");


  for(i=0; i<nSamples; i++)
    {
      fprintf(stream,"%6d        %d        %6. 3f        %6. 3f
    %6. 3f        %6. 3f        %6. 3f        %6. 3f        %6. 3f        [ %g,%
g] \ n", i+1, allLevel[i], allAlambd[0][i], allAlambd[1][i],
allAlambd[2][i], allAlambd[3][i], allAlambd[4][i], allAlambd[5]
[i], allAlambd[6][i], allR_L[i], allR_R[i]);
    }


  fclose(stream);
  }

delete allLevel;
delete allR_L;
delete allR_R;
for(i=0; i<7; i++) delete allAlambd[i];
```

```cpp
}
void CERFA_SHM_V10App :: computSmallScaleTriFuzzyNum( )
{
    long i;
    double sum = 0.0;  //总和
    double temp = 0.0;
    double max, min;  //最大最小值
    double average = 0.0;  //平均值
    double standardDeviation = 0.0;  //标准差

    //计算重金属含量的平均值
    for( i = 0; i<nSamples; i++)
        sum += heavyMetal[i];  //总和
    average = sum/nSamples;  //平均值

    //计算重金属含量的标准差
    for( i = 0; i<nSamples; i++)
        standardDeviation += ( heavyMetal[i]-average) * ( heavyMetal
[i]-average);
    standardDeviation = sqrt( standardDeviation/nSamples);  //标准差

    //找出最大最小值
    max = heavyMetal[0];
    min = heavyMetal[0];
    for( i = 1; i<nSamples; i++)
    {
        if( max<heavyMetal[i]) max = heavyMetal[i];
        if( min>heavyMetal[i]) min = heavyMetal[i];
```

```
        }

        //得到重金属含量的三角模糊数
        temp = average-standardDeviation * 2;
        if( min<temp) Ca = temp;
        else Ca = min;
        Cb = average;
        temp = average+standardDeviation * 2;
        if( max>temp) Cc = temp;
        else Cc = max;
    }
    void CERFA _ SHM _ V10App ∷ computLargeScaleTriFuzzyNum ( long
sampleIndex)
    {
        Ca = heavyMetal[ sampleIndex ] - 2 * standardDeviation[ sampleIndex ];
        Cb = heavyMetal[ sampleIndex ];
        Cc = heavyMetal[ sampleIndex ] + 2 * standardDeviation[ sampleIndex ];
    }
    void CERFA_SHM_V10App ∷ computandOutputLevel( FILE  * stream)
    {
        long i;
        double CalfaL, CalfaR; //重金属含量的 alfa—截集
        double Ba, Bb, Bc; //地球化学背景值的三角模糊数
        double BalfaL, BalfaR; //地球化学背景值的 alfa—截集
        double IgeoL, IgeoR; //模糊地累积指数区间值

        //计算 C 的 alfa—截集，ALFA = 0.9
```

CalfaL=ALFA * (Cb-Ca)+Ca;

CalfaR=Cc-ALFA * (Cc-Cb);

//计算地球化学背景值 B 的三角模糊数和 alfa—截集

Ba=0.9 * B;

Bb=B;

Bc=1.1 * B;

BalfaL=ALFA * (Bb-Ba)+Ba;

BalfaR=Bc-ALFA * (Bc-Bb);

//计算土壤中重金属的模糊地累积指数区间值 Igeo，注：log2
(x)=lnx/ln2，程序中的 log 函数是以 e 为底数的对数函数 ln

IgeoL=log(CalfaL/(K * BalfaR))/ log(2.0);

IgeoR=log(CalfaR/(K * BalfaL))/ log(2.0);

//计算 Igeo 对各个等级的隶属度，共七个等级

// ***********************

// Igeo 级数 污染指数

// <=0   0 清洁

// 0—1   1 轻度污染

// 1—2   2 偏中污染

// 2—3   3 中度污染

// 3—4   4 偏重污染

// 4—5   5 重度污染

// >=5   6 严重污染

// ***********************

```
for(i=0; i<7; i++) Alambd[i]=0;

if((IgeoR-IgeoL) <= ZERO)//如果左右值相等
{
    if(IgeoR <= ZERO) Alambd[0]=1.0;
    else
    {
        if(IgeoL>5.0) Alambd[6]=1.0;
        else
        {
            for(i=1; i<6; i++)
            {
                if((IgeoR>(i-1)) && (IgeoR <= i)) Alambd[i]=1.0;
            }
        }
    }
}
else
{
    //计算等级的隶属度
    if(IgeoR <= ZERO) Alambd[0]=1.0;
    else
    {
        Alambd[0]=(0-IgeoL)/(IgeoR-IgeoL);
        if((Alambd[0]-ZERO) <= 0) Alambd[0]=0.0;
    }
    //计算等级的隶属度
    if(IgeoL>5.0) Alambd[6]=1.0;
```

```
    else
    {
      Alambd[6]=(IgeoR-5.0)/(IgeoR-IgeoL);
      if((Alambd[6]-ZERO) <= 0) Alambd[6]=0.0;
    }
    //计算其他等级的隶属度
    for(i=1; i<6; i++)
    {
      if(IgeoL <= i-1)
      {
        if((IgeoR >= i-1) && (IgeoR <= i))    Alambd[i]=
(IgeoR-(i-1))/(IgeoR-IgeoL);
        if(IgeoR>i)    Alambd[i]=(1.0)/(IgeoR-IgeoL);
      }
      if((IgeoL>i-1) && (IgeoL <= i))
      {
        if((IgeoR >= i-1) && (IgeoR <= i))    Alambd[i]=1.0;
        if(IgeoR>i)    Alambd[i] =   (i-IgeoL)/(IgeoR-IgeoL);
      }

        if((Alambd[i]-ZERO) <= 0) Alambd[i]=0.0;
    }
    }


    //根据可信度判断污染等级
    level=0;
    for(i=1; i<7; i++)
      if(Alambd[i]>Alambd[level]) level=i;
```

//计算重金属污染程度 finalI 和污染等级 level

```
finalI = 0;
for( i = 0; i<7; i++)
    finalI += Alambd[i] * i;
```

//输出评价结果及中间数据

```
if( stream ! = NULL )
{
    fprintf( stream," ****** 中间数据 ****** \ n");
    fprintf( stream,"经三角模糊化处理后的重金属含量数据：( %
g,%g,%g) \ n", Ca, Cb, Cc);
    fprintf( stream,"经 alfa-截集处理后的重金属含量数据：[%g,%
g] \ n", CalfaL, CalfaR);
    fprintf( stream,"经 alfa-截集处理后的地球化学背景值：[%g,%
g] \ n", BalfaL, BalfaR);
    fprintf( stream," 土壤中重金属的地累积指数区间值：[%g,%
g] \ n \ n", IgeoL, IgeoR);

    fprintf( stream," **** 污染等级评价结果 *** \ n");
    fprintf( stream," 土壤中重金属的模糊地累积指数:%g \ n",
finalI);
    fprintf( stream," 土壤中重金属的污染等级:%d \ n", level);
    fprintf( stream,"对各等级污染的可信度： \ n");
    fprintf( stream,"0 级:%g \ n 1 级:%g \ n 2 级:%g \ n 3 级:%g
\ n", Alambd[0], Alambd[1], Alambd[2], Alambd[3]);
    fprintf( stream," 4 级:%g \ n 5 级:%g \ n 6 级:%g \ n",
```

```
Alambd[4], Alambd[5], Alambd[6]);
    }

  }
  void CERFA_SHM_V10App :: computandOutputR(FILE * stream)
  {
    long i;
    double omigaL, omigaR; //重金属的生物毒性双权重评价值

    //计算重金属的生物毒性双权重评价值
    omigaL=omigaR=0;

    for(i=0; i<5; i++)
    {
      omigaL += Qalfa[i][0] * W[i];
      omigaR += Qalfa[i][1] * W[i];
    }
    omigaL=u * omigaL;
    omigaR=u * omigaR;

    //计算重金属的污染综合评价值
    R_L=omigaL * finalI/P;
    R_R=omigaR * finalI/P;

    //输出重金属的污染综合评价值
    if( stream ! = NULL )
    {
      fprintf(stream,"土壤重金属的污染综合评价值：[ %g,%g] \
```

n", R_L, R_R);

　　}

　}；

(3) ERFA_SHM_V1.0Dlg.h

　　//软件主界面对话框头文件，定义界面控件变量

　　// ERFA_SHM_V1.0Dlg.h：头文件

　　//

　　#pragma once
　　#include "afxwin.h"
　　#include "importLrgMtlDlg.h"
　　#include "importLrgMtlSpDlg.h"
　　#include "importSmlMtlDlg.h"
　　#include "importSmlMtlSpDlg.h"
　　#include "helpDlg.h"

　　// CERFA_SHM_V10Dlg 对话框
　　class CERFA_SHM_V10Dlg : public CDialog
　　{
　　//构造
　　public：
　　　CERFA_SHM_V10Dlg(CWnd * pParent = NULL); // 标准构造
函数

　　//对话框数据
　　　enum { IDD = IDD_ERFA_SHM_V10_DIALOG }；

240

protected：

virtual void DoDataExchange（CDataExchange * pDX）；// DDX/ DDV 支持

//实现

protected：

HICON m_hIcon；

//生成的消息映射函数

virtual BOOL OnInitDialog（）；

afx_msg void OnSysCommand（UINT nID, LPARAM lParam）；

afx_msg void OnPaint（）；

afx_msg HCURSOR OnQueryDragIcon（）；

DECLARE_MESSAGE_MAP（）

public：

CComboBox heavyMetalKind；

CString csHeavyMetalKind；

CEdit uControl；//输入生物毒性权重系数

CEdit BControl；//输入地球化学背景值

int isSmallScale；//= TRUE 小尺度区域, = FALSE 大、中尺度区域

int isIncludeSpeciation；//= TRUE 考虑化学形态, = FALSE 不考虑

```
CimportSmlMtlDlg CSmlMtlDlg;
CimportSmlMtlSpDlg CSmlMtlSpDlg;
CimportLrgMtlDlg CLrgMtlDlg;
CimportLrgMtlSpDlg CLrgMtlSpDlg;
ChelpDlg ChelpShowDlg;

afx_msg void OnCbnEditchangeCombo1_editMetalKind();
afx_msg void OnCbnSelchangeCombo1_selectMetalKind();
afx_msg void OnEnChangeEdit2_changeUvalue();

afx_msg void OnEnChangeEdit1_changeBValue();
afx_msg void OnBnClickedRadio3_selectSmallScale();
afx_msg void OnBnClickedRadio4_selectLargeScale();
afx_msg void OnBnClickedRadio1_selectSpeciation();
afx_msg void OnBnClickedRadio2_selectSpeciationFALSE();
afx_msg void OnBnClickedButton1_importData();
afx_msg void OnBnClickedButton3_computResults();
CEdit levelShow;
CEdit level0Valueshow;
CEdit level1Valueshow;
CEdit level2Valueshow;
CEdit level3Valueshow;
CEdit level4Valueshow;
CEdit level5Valueshow;
CEdit level6Valueshow;
CEdit R_LValueShow;
CEdit R_RValueShow;
afx_msg void OnBnClickedButton7_hlepInformation();
```

};

（4）ERFA_SHM_V1.0Dlg. cpp

//软件主界面对话框的 C++实现文件，定义控件响应程序
// ERFA_SHM_V1.0Dlg. cpp：实现文件
//

```
#include " stdafx. h"
#include " ERFA_SHM_V1.0. h"
#include " ERFA_SHM_V1.0Dlg. h"

#ifdef _DEBUG
#define new DEBUG_NEW
#endif
```

//用于应用程序"关于"菜单项的 CAboutDlg 对话框

```
class CAboutDlg : public CDialog
{
public:
    CAboutDlg();
```

//对话框数据
```
    enum { IDD=IDD_ABOUTBOX };

    protected:
    virtual void DoDataExchange ( CDataExchange * pDX);        //
```

DDX/DDV 支持

```
//实现
protected:
  DECLARE_MESSAGE_MAP()
};


CAboutDlg::CAboutDlg() : CDialog(CAboutDlg::IDD)
{
}


void CAboutDlg::DoDataExchange(CDataExchange * pDX)
{
  CDialog::DoDataExchange(pDX);
}


BEGIN_MESSAGE_MAP(CAboutDlg, CDialog)
END_MESSAGE_MAP()


// CERFA_SHM_V10Dlg 对话框


CERFA_SHM_V10Dlg::CERFA_SHM_V10Dlg(CWnd * pParent /*
=NULL */)
    : CDialog(CERFA_SHM_V10Dlg::IDD, pParent)
    , isSmallScale(0)
{
  m_hIcon = AfxGetApp()->LoadIcon(IDR_MAINFRAME);
}
```

244

```
void  CERFA _ SHM _ V10Dlg :: DoDataExchange ( CDataExchange *
pDX)
    {
    CDialog :: DoDataExchange( pDX) ;
    DDX_Control( pDX,  IDC_COMBO1,  heavyMetalKind) ;
    DDX_Control( pDX,  IDC_EDIT2,  uControl) ;
    DDX_Control( pDX,  IDC_EDIT1,  BControl) ;
    DDX_Control( pDX,  IDC_EDIT7,  levelShow) ;
    DDX_Control( pDX,  IDC_EDIT16,  level0Valueshow) ;
    DDX_Control( pDX,  IDC_EDIT8,  level1Valueshow) ;
    DDX_Control( pDX,  IDC_EDIT11,  level2Valueshow) ;
    DDX_Control( pDX,  IDC_EDIT12,  level3Valueshow) ;
    DDX_Control( pDX,  IDC_EDIT13,  level4Valueshow) ;
    DDX_Control( pDX,  IDC_EDIT14,  level5Valueshow) ;
    DDX_Control( pDX,  IDC_EDIT15,  level6Valueshow) ;
    DDX_Control( pDX,  IDC_EDIT10,  R_LValueShow) ;
    DDX_Control( pDX,  IDC_EDIT9,  R_RValueShow) ;
    }


    BEGIN_MESSAGE_MAP( CERFA_SHM_V10Dlg,  CDialog)
    ON_WM_SYSCOMMAND( )
    ON_WM_PAINT( )
    ON_WM_QUERYDRAGICON( )
    //}}AFX_MSG_MAP
    ON_CBN_EDITCHANGE( IDC_COMBO1,
&CERFA_SHM_V10Dlg :: OnCbnEditchangeCombo1_editMetalKind)
    ON_CBN_SELCHANGE( IDC_COMBO1,
```

```
&CERFA_SHM_V10Dlg::OnCbnSelchangeCombo1_selectMetalKind)
    ON_EN_CHANGE(IDC_EDIT2,
&CERFA_SHM_V10Dlg::OnEnChangeEdit2_changeUvalue)
    ON_EN_CHANGE(IDC_EDIT1,
&CERFA_SHM_V10Dlg::OnEnChangeEdit1_changeBValue)
    ON_BN_CLICKED(IDC_RADIO3,
&CERFA_SHM_V10Dlg::OnBnClickedRadio3_selectSmallScale)
    ON_BN_CLICKED(IDC_RADIO4,
&CERFA_SHM_V10Dlg::OnBnClickedRadio4_selectLargeScale)
    ON_BN_CLICKED(IDC_RADIO1,
&CERFA_SHM_V10Dlg::OnBnClickedRadio1_selectSpeciation)
    ON_BN_CLICKED(IDC_RADIO2,
&CERFA_SHM_V10Dlg::OnBnClickedRadio2_selectSpeciationFALSE)
    ON_BN_CLICKED(IDC_BUTTON1,
&CERFA_SHM_V10Dlg::OnBnClickedButton1_importData)
    ON_BN_CLICKED(IDC_BUTTON3,
&CERFA_SHM_V10Dlg::OnBnClickedButton3_computResults)
    ON_BN_CLICKED(IDC_BUTTON7,
&CERFA_SHM_V10Dlg::OnBnClickedButton7_hlepInformation)
    END_MESSAGE_MAP()


// CERFA_SHM_V10Dlg 消息处理程序

BOOL CERFA_SHM_V10Dlg::OnInitDialog()
{
CDialog::OnInitDialog();

//将"关于..."菜单项添加到系统菜单中。
```

// IDM_ABOUTBOX 必须在系统命令范围内。

ASSERT((IDM_ABOUTBOX & 0xFFF0) = = IDM_ABOUTBOX);

ASSERT(IDM_ABOUTBOX<0xF000);

CMenu * pSysMenu = GetSystemMenu(FALSE);

if (pSysMenu ! = NULL)

{

  CString strAboutMenu;

  strAboutMenu. LoadString(IDS_ABOUTBOX);

  if (! strAboutMenu. IsEmpty())

  {

    pSysMenu->AppendMenu(MF_SEPARATOR);

    pSysMenu->AppendMenu(MF_STRING, IDM_ABOUTBOX,

strAboutMenu);

  }

}

//设置此对话框的图标。当应用程序主窗口不是对话框时，框架将自动

//执行此操作

SetIcon(m_hIcon, TRUE); // 设置大图标

SetIcon(m_hIcon, FALSE); // 设置小图标

// TODO：在此添加额外的初始化代码

//程序中内置的五种重金属类型

heavyMetalKind. AddString("Cd"); //编号为;

heavyMetalKind. AddString("Ni"); //编号为;

```
heavyMetalKind. AddString( "Zn" ) ; //编号为;

heavyMetalKind. AddString( "Cu" ) ; //编号为;

heavyMetalKind. AddString( "Cr" ) ; //编号为;

heavyMetalKind. SetCurSel( 0 ) ;

csHeavyMetalKind = "Cd" ;

//给定生物毒性权重系数的初始值

uControl. SetWindowTextA( _T( "30" ) ) ;

theApp. u = 30 ;

//初始设定小区域, 不包含化学形态

isSmallScale = TRUE ;

isIncludeSpeciation = FALSE ;


    return TRUE ;    //除非将焦点设置到控件, 否则返回 TRUE
}


void  CERFA _ SHM _ V10Dlg :: OnSysCommand ( UINT  nID,  LPARAM
lParam )
{
  if ( ( nID & 0xFFF0) = = IDM_ABOUTBOX )
  {
    CAboutDlg dlgAbout ;
    dlgAbout. DoModal( ) ;
  }
  else
  {
    CDialog :: OnSysCommand( nID, lParam ) ;
  }
}
```

//如果向对话框添加最小化按钮，则需要下面的代码

//来绘制该图标。对于使用文档/视图模型的 MFC 应用程序，

//这将由框架自动完成。

```cpp
void CERFA_SHM_V10Dlg :: OnPaint( )
{
    if ( IsIconic( ) )
    {
        CPaintDC dc( this ) ; // 用于绘制的设备上下文

        SendMessage( WM_ICONERASEBKGND,
reinterpret_cast<WPARAM>( dc. GetSafeHdc( ) ), 0 ) ;

        // 使图标在工作区矩形中居中
        int cxIcon = GetSystemMetrics( SM_CXICON ) ;
        int cyIcon = GetSystemMetrics( SM_CYICON ) ;
        CRect rect ;
        GetClientRect( &rect ) ;
        int x = ( rect. Width( ) - cxIcon + 1 ) / 2 ;
        int y = ( rect. Height( ) - cyIcon + 1 ) / 2 ;

        // 绘制图标
        dc. DrawIcon( x, y, m_hIcon ) ;
    }
    else
    {
        CDialog :: OnPaint( ) ;
```

249

```
    }
  }


  //当用户拖动最小化窗口时系统调用此函数取得光标
  //显示。
  HCURSOR CERFA_SHM_V10Dlg∷OnQueryDragIcon()
  {
    return static_cast<HCURSOR>(m_hIcon);
  }


  void CERFA_SHM_V10Dlg∷OnCbnEditchangeCombo1_editMetalKind
()//在组合框中输入重金属名称
  {
    // TODO：在此添加控件通知处理程序代码
    heavyMetalKind. GetWindowTextA(csHeavyMetalKind);
    theApp. csHeavyMetalName = csHeavyMetalKind;

    if(csHeavyMetalKind == "Cd")
    {
      uControl. SetWindowTextA(_T("30"));
      theApp. u = 30;
    }
    else if((csHeavyMetalKind == "Ni") || (csHeavyMetalKind == "
Cu"))
    {
      uControl. SetWindowTextA(_T("5"));
      theApp. u = 5;
    }
```

```
    else if( csHeavyMetalKind == "Cr" )
    {
        uControl. SetWindowTextA( _T( "2" ) ) ;
        theApp. u = 2 ;
    }
    else if( csHeavyMetalKind == "Zn" )
    {
        uControl. SetWindowTextA( _T( "1" ) ) ;
        theApp. u = 1 ;
    }
    else
    {
        uControl. SetWindowTextA( ( "请输入值" ) ) ;
    }
}


void CERFA_SHM_V10Dlg :: OnCbnSelchangeCombo1_selectMetalKind
( )//在组合框中中选择重金属
{
    // TODO：在此添加控件通知处理程序代码
    int index = heavyMetalKind. GetCurSel( ) ;
    heavyMetalKind. GetLBText( index, csHeavyMetalKind) ;
    theApp. csHeavyMetalName = csHeavyMetalKind ;

    if( csHeavyMetalKind == "Cd" )
    {
        uControl. SetWindowTextA( _T( "30" ) ) ;
        theApp. u = 30 ;
```

```
    }
    else if( ( csHeavyMetalKind = = " Ni" ) ‖ ( csHeavyMetalKind = =
" Cu" ) )
    {
      uControl. SetWindowTextA( _T( "5" ) );
      theApp. u = 5;
    }
    else if( csHeavyMetalKind = = " Cr" )
    {
      uControl. SetWindowTextA( _T( "2" ) );
      theApp. u = 2;
    }
    else if( csHeavyMetalKind = = " Zn" )
    {
      uControl. SetWindowTextA( _T( "1" ) );
      theApp. u = 1;
    }
  }


void CERFA_SHM_V10Dlg ∷ OnEnChangeEdit2_changeUvalue( )//在
```
编辑框中输入生物毒性权重系数 u
```
  {
    // TODO：如果该控件是 RICHEDIT 控件，则它将不会
    //发送该通知，除非重写 CDialog ∷ OnInitDialog( )
    //函数并调用 CRichEditCtrl( ). SetEventMask( )，
    //同时将 ENM_CHANGE 标志"或"运算到掩码中。

    // TODO：在此添加控件通知处理程序代码
```

252

```
    CString text;
    uControl. GetWindowTextA(text);
    theApp. u = atof(text);
}


void CERFA_SHM_V10Dlg :: OnEnChangeEdit1_changeBValue()
{
    // TODO：如果该控件是 RICHEDIT 控件，则它将不会
    //发送该通知，除非重写 CDialog :: OnInitDialog()
    //函数并调用 CRichEditCtrl(). SetEventMask(),
    //同时将 ENM_CHANGE 标志"或"运算到掩码中。


    // TODO：在此添加控件通知处理程序代码
    CString text;
    BControl. GetWindowTextA(text);
    theApp. B = atof(text);
}


void CERFA_SHM_V10Dlg :: OnBnClickedRadio3_selectSmallScale()
{
    // TODO：在此添加控件通知处理程序代码
    isSmallScale = TRUE;
}


void CERFA_SHM_V10Dlg :: OnBnClickedRadio4_selectLargeScale()
{
    // TODO：在此添加控件通知处理程序代码
    isSmallScale = FALSE;
```

```
}

void CERFA_SHM_V10Dlg :: OnBnClickedRadio1_selectSpeciation( )
{
    // TODO：在此添加控件通知处理程序代码
    isIncludeSpeciation = TRUE;
}

void CERFA_SHM_V10Dlg :: OnBnClickedRadio2_selectSpeciationFALSE( )
{
    // TODO：在此添加控件通知处理程序代码
    isIncludeSpeciation = FALSE;
}

void CERFA_SHM_V10Dlg :: OnBnClickedButton1_importData( )
{
    // TODO：在此添加控件通知处理程序代码
    if ( ( isSmallScale = = TRUE ) && ( isIncludeSpeciation = =
FALSE ) )
CSmlMtlDlg. DoModal( ) ;

    if( ( isSmallScale = = TRUE) && ( isIncludeSpeciation = = TRUE ) )
CSmlMtlSpDlg. DoModal( ) ;

    if ( ( isSmallScale = = FALSE ) && ( isIncludeSpeciation = =
FALSE ) )
CLrgMtlDlg. DoModal( ) ;
```

```
        if ( ( isSmallScale = = FALSE ) && ( isIncludeSpeciation = =
TRUE ) )
CLrgMtlSpDlg. DoModal ( ) ;
    }


    void CERFA_SHM_V10Dlg :: OnBnClickedButton3_computResults ( )
    {
        // TODO: 在此添加控件通知处理程序代码
        if ( ( isSmallScale = = TRUE ) && ( isIncludeSpeciation = =
FALSE ) )
        {
            theApp. compute_OutputSmlMtlData ( ) ;
        }


        if( ( isSmallScale = = TRUE) && ( isIncludeSpeciation = = TRUE ) )
        {
            theApp. compute_OutputSmlMtlSpData ( ) ;
        }


        if ( ( isSmallScale = = FALSE ) && ( isIncludeSpeciation = =
FALSE ) )
        {
            theApp. compute_OutputLrgMtlData ( ) ;
        }


        if ( ( isSmallScale = = FALSE ) && ( isIncludeSpeciation = =
TRUE ) )
```

```
    {
    theApp. compute_OutputLrgMtlSpData( ) ;
    }


    CString csLevel ;
    csLevel. Format( "%d" , theApp. level) ;  //将 int level 转换为字符
串放入 csLevel 中
    levelShow. SetWindowTextA( csLevel) ;  //在编辑框中显示污染等
级的值


    CString temp[7] ;
    for( int i=0; i<7; i++)
      temp[i]. Format( "%.5f" , theApp. Alambd[i] ) ;


    level0Valueshow. SetWindowTextA( temp[0] ) ;
    level1Valueshow. SetWindowTextA( temp[1] ) ;
    level2Valueshow. SetWindowTextA( temp[2] ) ;
    level3Valueshow. SetWindowTextA( temp[3] ) ;
    level4Valueshow. SetWindowTextA( temp[4] ) ;
    level5Valueshow. SetWindowTextA( temp[5] ) ;
    level6Valueshow. SetWindowTextA( temp[6] ) ;


    if( isIncludeSpeciation = = TRUE)
    {
      CString csR_L, csR_R ;
      csR_L. Format( "%.5f" , theApp. R_L) ;
      csR_R. Format( "%.5f" , theApp. R_R) ;
      R_LValueShow. SetWindowTextA( csR_L) ;
```

R_RValueShow. SetWindowTextA（csR_R）；

}

else

{

R_LValueShow. SetWindowTextA（"-"）；

R_RValueShow. SetWindowTextA（"-"）；

}

}

void CERFA_SHM_V10Dlg∷OnBnClickedButton7_hlepInformation（）

{

// TODO：在此添加控件通知处理程序代码

ChelpShowDlg. DoModal（）；

}；

（5）importSmlMtlDlg. h

//输入文件对话框的头文件，定义对话框控件变量(基于土壤重金属总量数据分析的小尺度//区域问题)

#pragma once

// CimportSmlMtlDlg 对话框

class CimportSmlMtlDlg : public CDialog

{

```
    DECLARE_DYNAMIC(CimportSmlMtlDlg)


public:
    CimportSmlMtlDlg(CWnd * pParent = NULL);      //标准构造函数
    virtual —CimportSmlMtlDlg();


//对话框数据
    enum { IDD = IDD_DIALOG1 };


protected:
    virtual void  DoDataExchange ( CDataExchange *  pDX );          //
DDX/DDV 支持


    DECLARE_MESSAGE_MAP()
public:
    afx_msg void OnBnClickedButton1_importData();
    afx_msg void OnBnClickedButton2_importSmlMtlExmpl();
};
```

(6) importSmlMtlDlg. cpp

//输入文件对话框的 C++实现文件，定义控件响应程序(基于土壤
重金属总量数据分析的小尺度//区域问题)

```
// importSmlMtlDlg. cpp ：实现文件
//


#include "stdafx. h"
```

```
#include "ERFA_SHM_V1.0.h"
#include "importSmlMtlDlg.h"


// CimportSmlMtlDlg 对话框


IMPLEMENT_DYNAMIC(CimportSmlMtlDlg, CDialog)


CimportSmlMtlDlg :: CimportSmlMtlDlg (CWnd * pParent /* =
NULL */)
    : CDialog(CimportSmlMtlDlg :: IDD, pParent)
    {


    }


CimportSmlMtlDlg :: —CimportSmlMtlDlg()
    {
    }


void CimportSmlMtlDlg :: DoDataExchange(CDataExchange * pDX)
    {
    CDialog :: DoDataExchange(pDX);
    }


BEGIN_MESSAGE_MAP(CimportSmlMtlDlg, CDialog)
    ON_BN_CLICKED(IDC_BUTTON1,
&CimportSmlMtlDlg :: OnBnClickedButton1_importData)
        ON_BN_CLICKED(IDC_BUTTON2,
&CimportSmlMtlDlg :: OnBnClickedButton2_importSmlMtlExmpl)
```

```
END_MESSAGE_MAP( )


// CimportSmlMtlDlg 消息处理程序


void CimportSmlMtlDlg∷OnBnClickedButton1_importData( )
{
    // TODO: 在此添加控件通知处理程序代码
    //打开文件选择对话框
    CFileDialog
dlg ( TRUE, NULL, NULL, OFN _ FILEMUSTEXIST | OFN _
HIDEREADONLY,
    "Import file( * . dat) | * . dat | | ");

    if( dlg. DoModal( ) = = IDOK)
    {
        theApp. csImportFileName = dlg. GetPathName( );
        theApp. csImportFileName. Replace( ". DAT" ,". dat" );
        theApp. csResultFileName = theApp. csImportFileName;
        theApp. csResultFileName. Replace( ". dat" ,". res" );
    }

    if( theApp. importSmlMtlData( )) AfxMessageBox( "输入失败!");
    else AfxMessageBox( "输入成功!");
}


void CimportSmlMtlDlg∷OnBnClickedButton2_importSmlMtlExmpl( )
{
    // TODO: 在此添加控件通知处理程序代码
```

　　AfxMessageBox("请使用 dat 格式的文件输入采样点数据，文本格式如下：\n 样本点个数\n 序号　重金属含量\n＊＊＊＊＊＊示例＊＊＊＊＊＊\n2\n1　　12.8\n2　　15.4");

　　};

（7）importSmlMtlSpDlg. h

　　//输入文件对话框的头文件，定义对话框控件变量(基于土壤重金属总量和化学形态数据分//析的小尺度区域问题)

　　#pragma once

　　// CimportSmlMtlSpDlg 对话框

　　class CimportSmlMtlSpDlg : public CDialog
　　{
　　　DECLARE_DYNAMIC(CimportSmlMtlSpDlg)

　　public：
　　　CimportSmlMtlSpDlg(CWnd * pParent = NULL)；　　//标准构造
函数
　　　virtual —CimportSmlMtlSpDlg()；

　　//对话框数据
　　　enum { IDD = IDD_DIALOG2 }；

　　protected：
　　　virtual void DoDataExchange(CDataExchange * pDX)；　　//

DDX/DDV 支持

```
    DECLARE_MESSAGE_MAP()
public:
    afx_msg void OnBnClickedButton1_importData();
    afx_msg void OnBnClickedButton2_importSmlMtlSpExmpl();
};
```

(8) importSmlMtlSpDlg. cpp

//输入文件对话框的 C++实现文件，定义控件响应程序(基于土壤重金属总量和化学形态数据分//析的小尺度区域问题)

```
// importSmlMtlSpDlg. cpp : 实现文件
//


#include "stdafx. h"
#include "ERFA_SHM_V1. 0. h"
#include "importSmlMtlSpDlg. h"


// CimportSmlMtlSpDlg 对话框


IMPLEMENT_DYNAMIC(CimportSmlMtlSpDlg, CDialog)


CimportSmlMtlSpDlg :: CimportSmlMtlSpDlg ( CWnd * pParent / * =
NULL */)
    : CDialog(CimportSmlMtlSpDlg :: IDD, pParent)
{
```

```
}

CimportSmlMtlSpDlg :: —CimportSmlMtlSpDlg( )
{
}

void CimportSmlMtlSpDlg :: DoDataExchange( CDataExchange * pDX)
{
    CDialog :: DoDataExchange( pDX) ;
}


BEGIN_MESSAGE_MAP( CimportSmlMtlSpDlg, CDialog)
    ON_BN_CLICKED( IDC_BUTTON1,
&CimportSmlMtlSpDlg :: OnBnClickedButton1_importData)
    ON_BN_CLICKED( IDC_BUTTON2,
&CimportSmlMtlSpDlg :: OnBnClickedButton2_importSmlMtlSpExmpl)
    END_MESSAGE_MAP( )


// CimportSmlMtlSpDlg 消息处理程序


void CimportSmlMtlSpDlg :: OnBnClickedButton1_importData( )
{
    // TODO：在此添加控件通知处理程序代码
    //打开文件选择对话框
    CFileDialog
dlg(TRUE, NULL, NULL, OFN_FILEMUSTEXIST | OFN_HIDEREADONLY,
    "Import file( * . dat) | * . dat || ") ;
```

```
if( dlg. DoModal( )= =IDOK)
{
    theApp. csImportFileName=dlg. GetPathName( );
    theApp. csImportFileName. Replace(". DAT",". dat");
    theApp. csResultFileName=theApp. csImportFileName;
    theApp. csResultFileName. Replace(". dat",". res");
}


    if ( theApp. importSmlMtlSpData ( )) AfxMessageBox ( " 输 入
失败!");
    else AfxMessageBox("输入成功!");
}


    void CimportSmlMtlSpDlg∷OnBnClickedButton2_importSmlMtlSpExmpl
( )
{
    // TODO：在此添加控件通知处理程序代码
    AfxMessageBox("请使用 dat 格式的文件输入采样点数据，文本格
式如下：\ n 样本点个数\ n 序号   重金属含量   可交换态百分比   碳
酸盐结合态百分比   铁锰氧化结合态百分比   有机络合态百分比   残渣
态百分比\ n ****** 示例 ****** \ n2\ n1   12.8   0.1   0.2   0.3
    0.2   0.2\ n2   15.4   0.2   0.2   0.3   0.2   0.1");


};
```

（9）importLrgMtlDlg. h

//输入文件对话框的头文件，定义对话框控件变量（基于土壤重金属总量分析的大、中尺度//区域问题）

#pragma once

// CimportLrgMtlDlg 对话框

```
class CimportLrgMtlDlg : public CDialog
{
    DECLARE_DYNAMIC(CimportLrgMtlDlg)

public:
    CimportLrgMtlDlg(CWnd * pParent = NULL);        //标准构造函数
    virtual —CimportLrgMtlDlg();

//对话框数据
    enum { IDD = IDD_DIALOG3 };

protected:
    virtual void DoDataExchange (CDataExchange * pDX);        //
DDX/DDV 支持

    DECLARE_MESSAGE_MAP()
public:
    afx_msg void OnBnClickedButton1_importData();
    afx_msg void OnBnClickedButton2_importLrgMtlExmpl();
```

};

(10) importLrgMtlDlg. cpp

//输入文件对话框的 C++实现文件，定义控件响应程序(基于土壤重金属总量分析的大、中尺度//区域问题)

// importLrgMtlDlg. cpp：实现文件

//

```
#include "stdafx. h"
#include "ERFA_SHM_V1. 0. h"
#include "importLrgMtlDlg. h"

// CimportLrgMtlDlg 对话框

IMPLEMENT_DYNAMIC(CimportLrgMtlDlg，CDialog)

CimportLrgMtlDlg :: CimportLrgMtlDlg ( CWnd * pParent / * =
NULL * / )
  : CDialog(CimportLrgMtlDlg :: IDD, pParent)
  {

  }

CimportLrgMtlDlg :: —CimportLrgMtlDlg( )
  {
  }
```

```
void CimportLrgMtlDlg :: DoDataExchange( CDataExchange * pDX)
{
    CDialog :: DoDataExchange( pDX) ;
}


BEGIN_MESSAGE_MAP( CimportLrgMtlDlg, CDialog)
    ON_BN_CLICKED( IDC_BUTTON1 ,
&CimportLrgMtlDlg :: OnBnClickedButton1_importData)
    ON_BN_CLICKED( IDC_BUTTON2 ,
&CimportLrgMtlDlg :: OnBnClickedButton2_importLrgMtlExmpl)
    END_MESSAGE_MAP( )


// CimportLrgMtlDlg 消息处理程序


void CimportLrgMtlDlg :: OnBnClickedButton1_importData( )
{
    // TODO：在此添加控件通知处理程序代码
    //打开文件选择对话框
    CFileDialog
dlg(TRUE, NULL, NULL, OFN_FILEMUSTEXIST | OFN_HIDEREADONLY,
    "Import file( * . dat) | * . dat || " ) ;

    if( dlg. DoModal( ) = = IDOK)
    {
        theApp. csImportFileName = dlg. GetPathName( ) ;
        theApp. csImportFileName. Replace( ". DAT" ,". dat" ) ;
        theApp. csResultFileName = theApp. csImportFileName ;
```

267

```
        theApp. csResultFileName. Replace(".dat",".res");
    }


    if( theApp. importLrgMtlData( ) ) AfxMessageBox("输入失败!");
    else AfxMessageBox("输入成功!");
}


void CimportLrgMtlDlg∷OnBnClickedButton2_importLrgMtlExmpl( )
{
    // TODO：在此添加控件通知处理程序代码
    AfxMessageBox("请使用 dat 格式的文件输入采样点数据，文本格
式如下：\n 样本点个数\n 序号　X 坐标　Y 坐标　重金属含量　标
准差\n ****** 示例 ****** \n2\n1　0.0　0.0　12.8　2.5\n2
1.0　1.0　15.4　4.6");
};
```

(11) importLrgMtlSpDlg. h

//输入文件对话框的头文件，定义对话框控件变量(基于土壤重金
属总量和化学形态数据分//析的大、中尺度区域问题)

```
#pragma once

// CimportLrgMtlSpDlg 对话框

class CimportLrgMtlSpDlg : public CDialog
{
    DECLARE_DYNAMIC(CimportLrgMtlSpDlg)
```

public：

　　CimportLrgMtlSpDlg（CWnd ＊ pParent = NULL）； 　　//标准构造
函数

　　virtual —CimportLrgMtlSpDlg（）；

//对话框数据
　　enum ｛ IDD = IDD_DIALOG4 ｝；

protected：
　　virtual void DoDataExchange（CDataExchange ＊ pDX）； 　　//
DDX/DDV 支持

　　DECLARE_MESSAGE_MAP（）
public：
　　afx_msg void OnBnClickedButton1_importData（）；
　　afx_msg void OnBnClickedButton2_importLrgMtlSpExmpl（）；
｝；

（12）importLrgMtlSpDlg. cpp

　　//输入文件对话框的 C++实现文件，定义控件响应程序(基于土壤
重金属总量和化学形态数据分//析的大、中尺度区域问题)
　　// importLrgMtlSpDlg. cpp ：实现文件
　　//

#include " stdafx. h"
#include " ERFA_SHM_V1. 0. h"
#include " importLrgMtlSpDlg. h"

```
// CimportLrgMtlSpDlg 对话框

IMPLEMENT_DYNAMIC(CimportLrgMtlSpDlg, CDialog)

CimportLrgMtlSpDlg :: CimportLrgMtlSpDlg (CWnd * pParent / * =
NULL * /)
    : CDialog(CimportLrgMtlSpDlg :: IDD, pParent)
{

}

CimportLrgMtlSpDlg :: —CimportLrgMtlSpDlg()
{
}

void CimportLrgMtlSpDlg :: DoDataExchange(CDataExchange * pDX)
{
    CDialog :: DoDataExchange(pDX);
}

BEGIN_MESSAGE_MAP(CimportLrgMtlSpDlg, CDialog)
    ON_BN_CLICKED(IDC_BUTTON1,
&CimportLrgMtlSpDlg :: OnBnClickedButton1_importData)
    ON_BN_CLICKED(IDC_BUTTON2,
&CimportLrgMtlSpDlg :: OnBnClickedButton2_importLrgMtlSpExmpl)
    END_MESSAGE_MAP()
```

// CimportLrgMtlSpDlg 消息处理程序

```
void CimportLrgMtlSpDlg∷OnBnClickedButton1_importData( )
{
    // TODO：在此添加控件通知处理程序代码
    //打开文件选择对话框
    CFileDialog
dlg ( TRUE, NULL, NULL, OFN _ FILEMUSTEXIST ｜ OFN _
HIDEREADONLY,
    "Import file( ＊. dat) ｜ ＊. dat ｜ ｜ ");

    if( dlg. DoModal( ) = = IDOK)
    {
        theApp. csImportFileName = dlg. GetPathName( );
        theApp. csImportFileName. Replace(". DAT",". dat");
        theApp. csResultFileName = theApp. csImportFileName;
        theApp. csResultFileName. Replace(". dat",". res");
    }

    if( theApp. importLrgMtlSpData( )) AfxMessageBox("输入失败!");
    else AfxMessageBox("输入成功!");
}


    void CimportLrgMtlSpDlg∷OnBnClickedButton2_importLrgMtlSpExmpl
( )
    {
    // TODO：在此添加控件通知处理程序代码
    AfxMessageBox("请使用 dat 格式的文件输入采样点数据，文本格
```

式如下：\ n 样本点个数 \ n 序号　X 坐标　Y 坐标　重金属含量　标
准差　可交换态百分比　碳酸盐结合态百分比　铁锰氧化结合态百分比
有机络合态百分比　残渣态百分比 \ n ****** 示例 ****** \ n2 \ n1
0.0　0.0　12.8　2.5　0.1　0.2　0.3　0.2　0.2 \ n2　1.0
1.0　15.4　4.6　0.2　0.2　0.3　0.2　0.1") ;

｝;

(13) helpDlg. h

//帮助文档对话框的头文件

```
pragma once
#include " afxwin. h"
```

// ChelpDlg 对话框

```
class ChelpDlg : public CDialog
｛
    DECLARE_DYNAMIC( ChelpDlg)

public:
    ChelpDlg( CWnd * pParent = NULL) ;      //标准构造函数
    virtual —ChelpDlg( ) ;

//对话框数据
    enum ｛ IDD = IDD_DIALOG5 ｝;

protected:
    virtual void DoDataExchange ( CDataExchange * pDX) ;      //
```

DDX/DDV 支持

```
    DECLARE_MESSAGE_MAP()
public:
    CEdit helpShow;
};
```

(14) helpDlg. cpp

```
//帮助文档对话框的 C++实现文件
// helpDlg. cpp：实现文件
//


#include "stdafx. h"
#include "ERFA_SHM_V1. 0. h"
#include "helpDlg. h"


// ChelpDlg 对话框


IMPLEMENT_DYNAMIC(ChelpDlg, CDialog)


ChelpDlg :: ChelpDlg(CWnd * pParent / * =NULL * /)
    : CDialog(ChelpDlg :: IDD, pParent)
{


}
```

```
ChelpDlg∷—ChelpDlg( )
{

}


void ChelpDlg∷DoDataExchange(CDataExchange * pDX)
{
    CDialog∷DoDataExchange(pDX);
    DDX_Control(pDX, IDC_EDIT1, helpShow);
    CString help;
```

help = "分析步骤：\r\n 1. 选择要分析的重金属类型。如果下拉列表中没有对应元素，请手动输入重金属元素符号。\r\n 2. 输入重金属的生物毒性权重系数。\r\n 3. 输入地球化学背景值。\r\n 4. 请选择区域类型为小区域或大、中区域。\r\n 5. 请选择是否考虑重金属的各化学形态含量进行分析。\r\n 6. 点击"输入采样点数据"。根据不用问题类型输入相应的采样点数据，请按照"数据文件示例"规范输入文件。\r\n 7. 点击"计算输出评价结果"。部分评价结果可显示在对话框中，详细结果请查看输入文件所在文件夹中的结果文件. res\r\n\r\n 注：具体计算过程请参考文献：\r\n [1] 李飞，黄瑾辉，曾光明，唐晓娇，袁兴中，梁婕，祝慧娜. 基于三角模糊数和重金属化学形态的土壤重金属污染综合评价模型. 环境科学学报，2012，32(2)：432-439 \r\n 链接：http://www.cnki.com.cn/Article/CJFDTotal-HJXX201202026.htm\r\n [2] 李飞，黄瑾辉，曾光明，唐晓娇，白兵，蔡青，祝慧娜，梁婕. 基于梯形模糊数的沉积物重金属污染风险评价模型与实例研究. 环境科学，2012，33(7)：2352-2358\r\n 链接：http://www.cnki.com.cn/Article/CJFDTOTAL-HJKZ201207031.htm";

```
    helpShow.SetWindowTextA(help);


}
```

```
BEGIN_MESSAGE_MAP(ChelpDlg, CDialog)
END_MESSAGE_MAP()
```

// ChelpDlg 消息处理程序

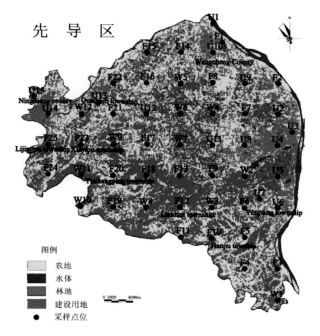

图2.5基于2014年先导区土地利用现状图的采样布点图

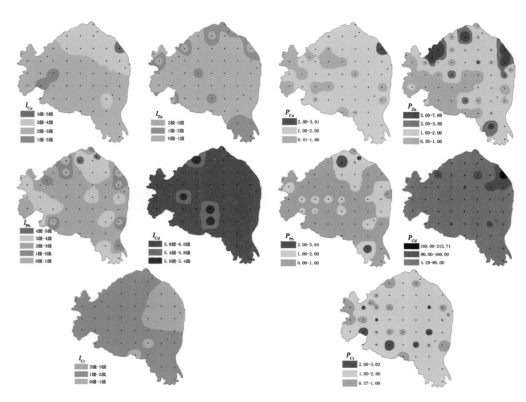

图3.3最大隶属度原则下土壤中重金属的随机模糊空间评价结果　　图3.4先导区土壤中重金属的单因素指数空间评价结果

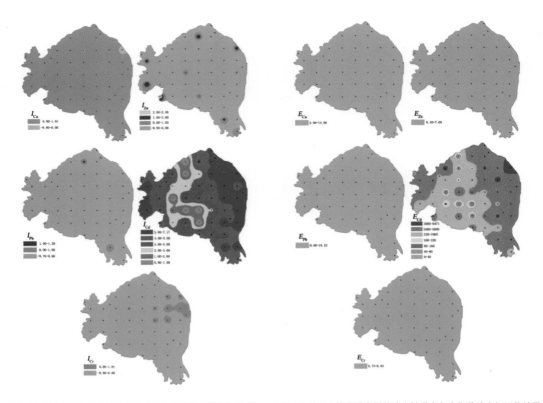

图3.5先导区土壤中重金属的确定性地累积指数法空间评价结果　　图3.6先导区土壤中重金属的确定性潜在危害指数法空间评价结果

图4.3先导区的详细的土地利用现状及规划图

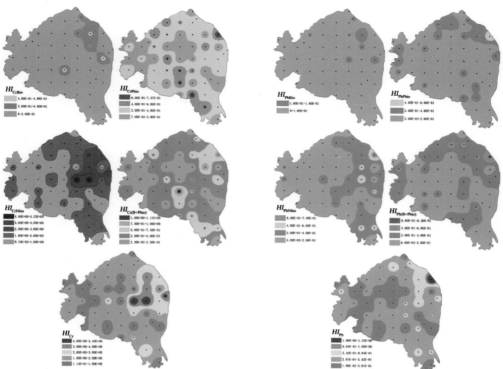

图4.4先导区土壤潜在优先污染物Cr的层次风险分布　　　　　　图4.5先导区土壤潜在优先污染物Pb的层次风险分布

图4.6先导区土壤潜在优先污染物Cd的层次风险分布

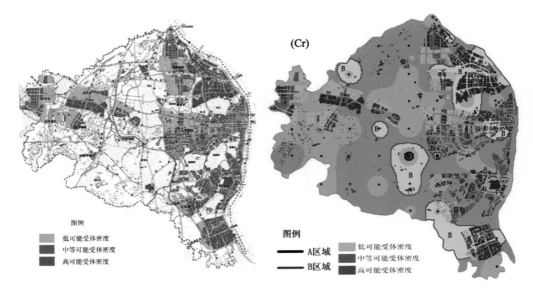

图例

图例

━━ A区域
━━ B区域

图4.7先导区的可能受体密度分布　　　　　　　图4.8先导区土壤重金属Cr的综合层次健康风险地图

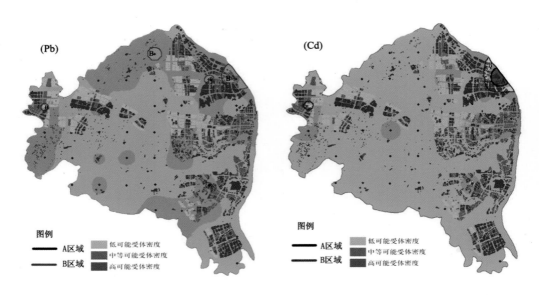

图例

━━ A区域
━━ B区域

图例

━━ A区域
━━ B区域

图4.9先导区土壤重金属Pb的综合层次健康风险地图　　　图4.9先导区土壤重金属Cd的综合层次健康风险地图